발자국 소리가
큰 아이가 창의적이다

일러두기

1. 이 책에 표시된 아이들의 나이는 작품을 제작할 당시를 기준으로 삼았다.
2. 평면 작품의 크기는 세로, 가로순이며, 입체 작품의 크기는 높이, 너비, 깊이순이다.

부모가 꼭 알아야 할 우리 아이 창의력 교육

발자국 소리가 큰 아이가 창의적이다

김수연 지음

시공사

차례

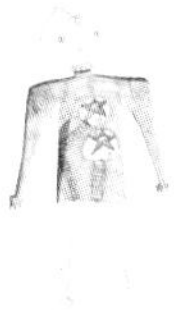

추천의 글

종로5가와 동대문 사이에 아이들 책을 도매로 파는 점포들이 있었어요. 2000년 즈음이죠. 고만고만한 아이 넷을 낳아 키우던 저는 젖먹이 막내를 업고 그 골목에 가서 그림책을 보는 일이 즐거웠어요. 오늘은 10만 원어치만 사자고 맘먹고 돈을 가지고 나가면 꼭 그보다 더 사게 되어 근처 은행에 가서 돈을 찾고는 했었지요. 만 원, 2만 원이라도 마이너스가 나면 안 된다는 생각으로 살던 시절인데도 책에는 과용했어요. 아이를 업고 버스 타고 전철 타고 갔을 정도니 책은 소포로 부쳐 주었지요. 그래도 며칠을 기다리며 조바심이 날 것 같은 책들은 들고 왔어요. 그렇게 들고 오는 책들이 묵직해서 양손에 나일론 끈 자국이 남고는 했지요. 집에 와서 책을 풀어놓고 보는 일은 참 행복했어요. 아이들도 저처럼 행복해하면서 책을 갖고 놀았죠.

당시 아이 키우는 일에 관한 책들도 더러 샀어요. 그때 만난 책이 김수연 선생님의 『발자국 소리가 큰 아이가 창의적이다』였어요. 책을 몇 장 넘기는데 어찌나 가슴이 뛰던지! 아이 넷 데리고 버스 몇 번 갈아타면서 마포에 있는 '발자국 소리가 큰 아이들'을 찾아갔어요. 초등 저학년인 큰 아이와 유치원생인 둘째 아이를 덜컥 '발자국 소리'에 보내게 되었지요. 당시 대기업 회사원이었던 외벌이 남편 월급으로 감당하기는 벅찬 금액이었지만 김수연 선생님을 본 순간 결정하게 되더라고요.

2절지에 제일 좋은 재료를 가지고 아이 둘은 잘 놀았어요. 폼 보드와 침핀을 가지고 동물도 만들고 자동차도 만들고, 정교한 로봇을 관찰하면서 그려 내고, 물로켓을 만들어 한강변에 가서 발사하고, 인체 뼈 모형을 만들어서 전시회1를 하고, 자기 안의 이야기를 그림과

그림 1 • **2002년 아르코 미술관 1, 2전시장의 전시 모습**
250명의 어린이가 해골을 만들어 1,650제곱미터 전시장 전체에 주렁주렁 설치했다.

글로 만들어 책을 만들고. 아이들은 '발자국 소리'에 가는 날을 기다리고 또 기다리며 무척 신나 했어요. '발자국 소리'에 와서 아이들을 들여보내고 같은 반 엄마들과 이야기꽃을 피우던 시간이 육아에 지친 저에게는 힐링의 시간이기도 했고요. 나중에는 셋째까지 '발자국 소리'에 보냈어요. 업혀 다니던 넷째가 자기는 언제 가냐고 할 무렵, 경제적으로 감당이 안 되어 '발자국 소리'를 끊을 수밖에 없었지만요. 김수연 선생님은 셋째라도 보내라고 하시더라고요. 장학금으로 가르치겠다고. 욕심은 났으나 젊은 자존심에 '발자국 소리'는 더 이상 못 갔어요. 그리고 첫째와 둘째는 인도 기숙 학교로 조기 유학을 떠났습니다.

세월이 흘러 둘째 아이가 미국 대학에서 예술 전공자가 되었어요. 그때 무척 '발자국 소리'가 그립고 김수연 선생님께 연락을 드리고 싶더라고요. 입시 미술 이런 거 한 번도 하지 않고 학교 수업만 들었는데도 아이는 잘 해냈거든요. 돌아보면 아이가 '발자국 소리가 큰 아이들'에서 자기 안의 것을 길러 내는 법을 알게 된 것 같아요. 그리고 찬찬히 무엇인가를 만들고 그려 내고 그것을 다른 사람들과 같이 즐기는 방법을 알게 된 것 같아요. 그 후 아이가 RCA(ROYAL COLLEGE OF ART)에 가게 되었을 때는 제가 연락을 드렸죠. '발자국 소리'에 다녔던 세연이2, 3가 RCA에서 회화 전공을 하게 되었다고. 이제 시작이지만 예술을 업으로 삼아 잘 살아 내고 있다고. 그 씨앗이 싹트게 한 건 '발자국 소리가 큰 아이들'에 다닌 시간들이었다고 말입니다.

황세연 엄마 한숙

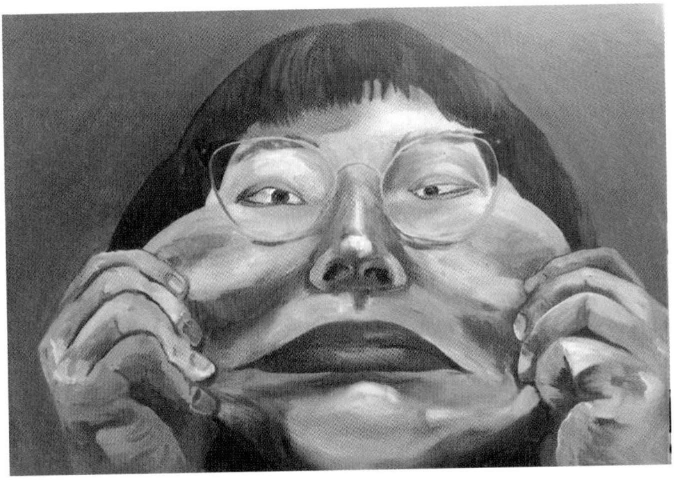

그림 2 • **황세연 작품**
황세연 작가는 2018~2020년 영국 RCA에서 석사 학위를 받고, 현재 런던에서 작품 활동 중이다.

그림 3 • **런던 피카딜리 서커스 전광판에 게재된 황세연 작품 전경**

개정 3판 서문

이 책은 출간된 지 20년이 넘었다. 이번이 개정 3판이다. 초판이 나올 당시에 큰 주목을 받지 못했기에 이렇게 오랜 시간 동안 꾸준하게 읽히리라는 것은 상상도 할 수 없었다. 정말로 감사한 일이다. 이 책의 주인공인 꼬마들은 책에 표시된 나이에 23살을 보탠 나이가 되었다. 지금은 대부분 대학생과 직장인이다. 당시 독자들은 이렇게 뛰어난 창의력을 가진 아이들이 어떻게 클지 궁금했을 것이다. 그 답은 현재에 있다고 생각한다. 연락이 닿는 몇몇 친구들이 있어 그들을 살펴보기로 했다. '발자국 소리가 큰 아이들'은 역시 그들만의 답을 만들어가고 있었다.

내 딸 혜원이는 이화여자대학교 언론홍보영상학과를 나와 지금은 직장인이다. 규현이는 연세대학교에서 철학을 전공하고 같은 학

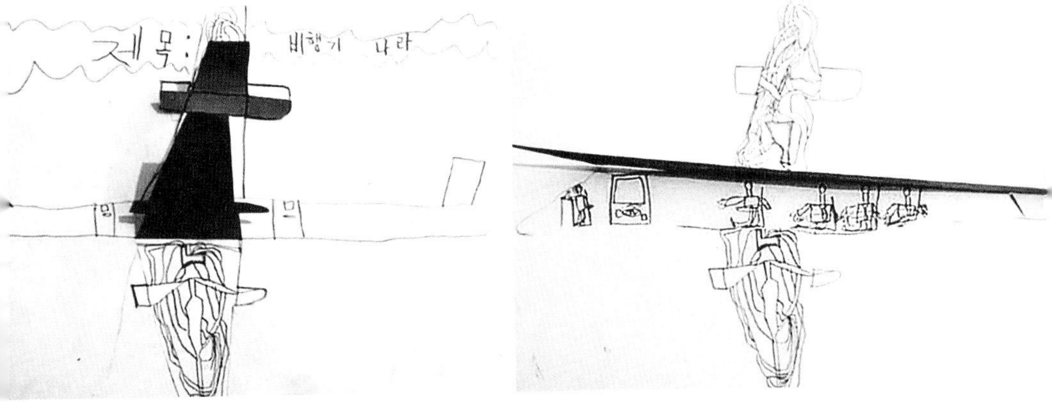

그림 4, 5 • **차정화(7세 당시), <비행기 내부 그리기>**
그림의 부분을 오려서 그 내부를 그리는 작업. 비행기 날개의 내부에는 기름이 흐르는 송유관이 있고, 몸통의 내부에는 승객과 스튜어디스 등 사람들이 앉아 있다고 표현했다.

교 로스쿨에 재학 중이다. 그 명석한 두뇌를 생각하면 IT 분야를 공부할 듯도 한데 좀 뜻밖이기는 했다. 반듯한 성격의 꼼꼼했던 정화[4, 5]는 하버드 대학교를 졸업하고 코넬 대학교에서 물리학 박사 과정 중이라 하고, 동생 정주는 매사추세츠 공과대학교에서 뇌인지공학을 전공하고 있다고 한다. 초롱초롱한 눈으로 오빠의 수업을 몰래 지켜보던 꼬마의 모습이 눈에 선하다. 자존심과 뚝심이 강했던 현정이는 서울대학교 동양화과를 졸업했다. 지금은 대학원에 다니고 있는데 장래에 대학 강단에 서면 좋을 것 같다. 현우[6]는 시카고 대학교에서 경제학을 전공하고 정원이[7]는 연세대학교 경영학과를 졸업했다.

그동안 '발자국 소리가 큰 아이들' 작업실은 많은 아이들과 만나고 헤어졌다. 스쳐 지나간 친구들을 헤아려 보면 한 해에만 천 명이 넘는다. 그렇게 20년을 넘게 보내 왔으니 엄청난 아이들의 창의력을 책임지며 지켜 왔다고 해도 과언이 아니리라. 이런 경우가 많다. 규현

그림 6 • (좌)전현우(6세 당시), <공룡 시계>

그림 7 • (우)이정원(5세 당시), <나>

이의 사촌 동생이 들어왔다는 소식이 전해지기도 하고 정화의 조카가 들어왔다는 소식도 있다. 곧 누구의 자녀가 왔다는 이야기가 전해질 것이라고 생각하니 흐뭇함으로 입가에 미소가 지어진다. 그렇게 발자국 작업실은 알음알음 입소문을 통해 계속해서 많은 친구들을 만나 왔으며, 여전히 재미나고 기발한 작품들을 만들어 가는 중이다. 그리고 그들의 소식은 희망을 담아 계속 이어지고 있다.

그동안 아이들만 많이 만난 것은 아니다. 아이들만큼이나 좋은 교사들도 많이 필요했는데, 현직 작가를 모셔 오는 방식으로 해결했다. 발자국 작업실은 현역 작가와 미래의 작가가 만나는 개성의 장이라는 소문이 퍼지며 아이들과 현역 작가들이 모여들었다. 따라서 이곳을 아는 지인들은 '학원'이 아닌 '작업실'이라고 부른다.

나의 늦둥이 셋째 딸은 고등학교 3학년이다. 며칠 후면 수학 능력 시험을 치르고 대학에 입학할 것이다. 셋째를 통해 체감한 요즘 부모들의 교육열은 첫째 아이를 키울 때와 마찬가지로 대단하다. 그런데 AI 또는 메타버스 시대에 살아가는 시대적 요청과 달리, 앞의 두 아이를 키울 때보다 더 주입식 선행 교육으로 나아가는 듯하다. 교육에 대한 나의 안타까운 마음이 더해지는 이유들이다. 어린 자녀를 가진 부모들은 내 아이가 최고라는 생각과 내 교육관이 가장 옳다는 판단으로 교육을 행하지만, 막상 아이들이 성장한 뒤에는 후회하는 일들이 허다하다. 누가 1등을 했다 하면 자신의 자녀도 그렇게 될 것이라는 생각으로 같은 방법을 적용한다. 하지만 같은 아이들이 없듯이 정답은 없고, 설령 1등을 한다고 해서 잘 성장했다고 단언할 수는 없다. 그 후의 인생이 너무나 길기 때문이다.

많은 엄마들이 창의력을 강조하면서 정작 창의력이란 아이의 자발적인 태도를 기본으로 한다는 사실을 잊고 있는 듯하다. 많은 것을 배워야 하는 아이들이 커 갈수록 점점 수동적인 태도를 보이는 것을 보면 알 수 있다. 나는 이 책을 통해 아이를 창의적으로 키우는 방법을 알려 주고 싶다. 발자국 작업실 수업 때 만들어진 작품들을 소개하는 것으로, 그리고 그들의 이야기를 풀어놓는 것으로 그 답을 보여 주고 싶다. 입체 작품을 만들면서 공간을 어떻게 이해해 가는지, 공간을 이용한 조화로운 배치를 통해 공간 개념이 어떻게 자리 잡아 가는지, 기술적 묘사력은 어떻게 기르는지, 그들의 협동심이 얼마나 대단한 작품을 탄생시키는지……. 이 과정들을 통해 시구력과 집중력이 서서히 향상되어 간다는 것과, 많은 매체와 기법과 작품을 접해 본 아이들은 궁극적으로 스스로 작품을 연구하고 기획해서 만들 수 있게 된다는 것을 보여 주고 싶다. 이러한 모든 부분들이 어우러져서 표현되는 것, 그것이 바로 '창의력'이라고 나는 생각한다. 창의력은 한마디로 정의할 수 없는 복잡한 능력이기 때문에 그것을 키우는 방법 또한 명확하게 답을 내릴 수 없다.

책을 새로 정비하는 과정에서 초판의 내용 중 많은 부분을 그대로 살렸는데, 지금 읽어도 창의력을 키우고 지키는 방법으로 전혀 손색없는 교육법이라는 생각이 들어서다. 창의적인 아이의 특징과 교사의 자세에 대한 부분을 추가했고, 책이 나오면서 덤으로 만날 수 있었던 더 창의적인 아이들, 더 좋은 교사들, 더 기상천외한 작품들에 대한 이야기는 부록 부분에 첨부했다.

나는 이 책과 이 책 속 주인공들의 멋진 소개를 통해 어제오늘의 과열된 교육에 한 번쯤 큰 의문을 제기해 보고 싶다.

2021년 가을

그림 8 • 2019년 한전아트센터에서 전시 준비 중인 선생님들

초판 서문

대부분의 엄마들과 마찬가지로 나 또한 아이의 작은 변화에 민감하게 반응하는 평범한 엄마였다. 아이가 제 또래들과 어울리기 시작할 때에는 나도 유치원을 찾았고, 옆집 아이가 글을 줄줄 읽는다는 소문을 들었을 때에는 나도 글을 가르쳤다. 영어 조기 교육의 바람이 불기 시작했을 때는 나도 예외는 아니었고, 아이들 교육에 대한 책은 거의 다 사서 읽었을 만큼 아이들에게 많은 관심을 기울였다. 그런데도 시원하게 풀리지 않는 것이 바로 자녀 교육 문제였다. 내 자식에게 더 바른 길을 일러 주기 위해서는 더 상세하고 더 구체적인 제시가 필요했다. 그래서 관련된 교육 기관을 기웃거렸고 그러다가 직접 아이들에게 미술을 가르치게 되었다.

아이들을 가르치면서 나는 새로운 엄마로, 아이들의 친구로 다시 태어난 것 같다. 지금 생각해도 아이들을 가르친 것은 잘한 일이 아닌가 싶다. 마냥 예쁘고 귀여워만 보이던 나의 딸 혜원이를 다른 아이들을 가르쳐 본 뒤에야 비로소 객관적으로 볼 수 있게 되었다. 그리고 지금까지 방황하고 있었을 엄마의 역할이 꽤 견고해졌음이 무엇보다도 뿌듯하다.

사실 내가 미술을 전공했다는 것만으로 다양한 아이들을 가르칠 수 있었던 것은 아니다. 솔직히 말하면 교사에게는 화가의 역할보다 엄마의 역할이 더 필요하다는 결론을 얻었다. 그만큼 나는 화가로서 미술적 재능을 가르치는 것보다는 부모의 입장에서 올바른 자녀를 키우는 데 중점을 두고자 했다.

내가 이러한 생각을 가지고 아이들을 가르친 지 1년이 조금 넘었다. 어떻게 생각하면 책을 내기에는 다소 짧은 기간일 수도 있다. 백년대계百年大計인 교육 문제를 다루면서 경력이나 지식도 없이 경솔한 게 아닌가 싶어 많이 망설이기도 했다. 하지만 내가 성급히 책을 내기로 결심한 데에는 내 나름의 몇 가지 이유가 있었다.

우선 지금 행해지고 있는 미술 교육이 좀 더 바람직한 방향으로 나갈 수 있으면 하는 희망 때문이다. 그동안 여러 아이들을 만나면서 아이들이 창의력과는 거리가 있는 미술 교육에 길들여져 있다는 생각을 떨칠 수 없었다. 나는 우리 아이들이 좀 더 자유로운 분위기에서 공부하기를 원한다. 그리고 항상 새로운 것을 생각하고, 만들기와 그리기를 통해 자신의 마음을 표현하도록 가르치려고 애썼다. 개성이 강한 아이들과 부대끼며 느꼈던 이러한 나의 경험담이 아이를 창의적으로 키우는 데 조금이나마 도움이 되기를 바라는 마음이다.

내가 책을 쓰게 된 더 직접적인 이유는 내가 가르친 아이들의 손

때 묻은 작품을 통해 아이들에게는 무한한 가능성이 있다는 사실을 보여 주고 싶었기 때문이다. 아이들의 작품을 그냥 차곡차곡 모아 두기만 했는데도 실력이 향상되는 것이 한눈에 보였다. 아이들은 점점 더 기발한 생각으로 작품을 만들었다. 처음에는 큰 계획 없이 미술 교육을 시작했기 때문에 작품을 소중하게 다루지 못했다. 그래서 재미있는 작품이 손실된 경우도 많다. 지금 생각하니 너무 안타깝다.

그동안 나는 아이들의 작품 사진을 250여 점이나 찍었다. 책을 편집하는 과정에서 150점으로 추렸으며, 다시 내용에 따라 필요한 도판만 고르다 보니 80여 점으로 줄이게 되었다. 아이들과의 약속을 다 못 지킨 것은 안타까운 일이지만 여러 아이들의 작품을 고루 다루려고 노력했다.

나는 이 책에서 AI 시대에 가장 중요하다고 생각하는 창의력을 키우는 것에 중점을 두고자 했다. 크게 세 부분으로 나누었는데, 첫 번째 부분에서는 아이를 창의적으로 키우기 위해 기본이 되는 의욕과 자립심에 관련한 문제들을 아이들을 가르치면서 경험했던 사건을 토대로 써 보았다. 두 번째 부분에서는 아이들의 표현 동기와 표현의 구성 요소인 색감과 대상이 어떻게 자리를 잡으며, 또 그렇게 되기 위해서는 어떠한 지도 체계가 필요한가를 다루었다. 마지막 장에서는 우리의 교육 현실을 보면서 내가 바라는 이상적인 교육과 부모들의 바른 역할에 대해 간략하게 제시해 보았다.

잠깐의 경험으로 어떻게 성장할지도 모르는 어린아이들의 이야기를 두서없이 쓴 것이 아닌가 싶어 걱정이 앞선다. 그렇지만 아이들 각자의 개성과 창의력을 중시하는, 두 아이의 엄마 입장에서 진솔하게 써 나가려고 했다. 그런 만큼 다듬어지지 않아 거친 부분도 많을 것이다. 너그러운 마음으로 양해해 주시고, 애정 어린 눈으로 어린아이들을 바라봐 주시기를 진심으로 부탁드린다.

끝으로 내가 가르친 모든 아이들이 만들어 낼, 획기적이고 기막힌 작품을 기대하며 이 책이 그 아이들에게 작은 기쁨이 되었으면 한다.

가르치면서 나는 배운다

혜원이가 무엇인가를 그리기 시작하던 4살 무렵부터 나는 괜스레 초조해지기 시작했다. 소위 미술을 전공한 나로서는 아이의 이러한 본능에 은근히 기대감을 가진 것이 사실이었다. 하지만 무엇을, 어떻게 가르쳐야 하는지, 또는 무엇을 그려 달라는 아이의 요구에 어떤 해결책을 주어야 하는지 도무지 해답을 찾을 수 없었다.

일단 책방을 찾은 것은 아동 미술에 대한 전문적인 식견을 빌려 보기 위해서였다. 이래서 엄마들이 미술 학원에 보내는구나 하는 생각도 들었다. 그러나 결과는 만족스럽지 못했고, 오히려 치졸하고 획일적인 방법이나 아이들을 흥분시키는 놀이식으로 행해지고 있는 미술 교육에 대한 깊은 우려로 양쪽 어깨가 무거워졌다.

그날부터 일단 우리 혜원이를 대상으로 연구를 시작했다. 우선 내가 시도한 것은 자신감을 심어 주는 일이었다. 무엇인지 형태조차 알 수 없는 아이의 작품에 대해, 나는 과장된 찬사를 아끼지 않았다. 이러한 엄마의 반응에 혜원이는 자신감을 얻었는지 자신의 창작물에 즐거움을 가지게 되었고, 그 양도 점점 늘어났다.

보는 것이면 무엇이든지 표현하는 버릇을 가진 혜원이가 하루는 현경이네 집에서 처음으로 피아노를 보고는 신기해하며 그림9을 그려 왔다. '피아노'란 말이 생각나지 않았는지 "현경이네 집에서 이것을 봤어요"라며 그림을 펼쳐 보였다. 잘 그린 그림은 아니지만 피아노의 형체를 신기해하며 자세히 관찰한 태도가 느껴졌다. 나는 아이들에게는 이렇게 자신의 생각을 표현하는 습관 혹은 자신의 마음을 풀어 가는 해소법보다 더 중요한 것은 없다고 생각한다.

어릴 때부터 형성된 표현 욕구는 아이가 성장함에 따라 자연스럽

그림 9 • 천혜원(4세), <피아노>, 종이에 크레파스, 20×30cm
보는 것이면 무엇이든 표현하는 버릇이 있던 혜원이가 피아노란 말이 생각나지 않자 그림으로 표현한 것이다. 아이들에게는 이렇게 자신의 생각을 표현하는 습관을 길러 주는 것이 필요하다.

게 여러 가지 창작물을 발산하는 데 도움을 준다. 지식을 습득하더라도 머릿속에만 축적하지 않고, 새로운 발명을 한다든지 실제 대상을 만드는 데 지식을 활용한다. 따라서 인지 위주의 교육보다는 우선 아는 것을 표현하는 습관을 갖도록 해야 한다. 만약 표현하는 습관을 들이지 않는다면 그 욕구가 점차 줄어들어 나중에는 아예 표현하려는 의욕마저 생기지 않는 기형적인 성장을 할 수도 있다.

한번은 동물원을 갔다 온 뒤 자신의 방에서 1시간 동안이나 무엇인가에 몰두하던 혜원이가 속상해하면서 나왔다. 이유인즉 어제 동물원에서 보았던 코끼리를 그려 보려고 하는데 코끼리의 튀어나온 코를 어떻게 그려야 할지 모르겠다는 것이다. 5살(36개월)도 안 된 우리 혜원이가 벌써 평면에서 3차원의 고민을 하고 있구나 생각하니 기특하기 짝이 없었다.

아마도 혜원이는 사진이나 다른 어떤 그림보다도 동물원에서 보았던 코끼리가 더 인상적이었던 모양이다. 나는 혜원이가 어떤 식으로 대응할지 궁금했다. 그 해결 방법을 가르쳐 주기보다 일단 아이의 반응을 지켜보기로 했다.

"혜원아, 어떻게 하면 좋을지 잘 생각해 보자. 엄마도 모르겠거든."

다시 방 안으로 들어간 혜원이가 30분쯤 뒤에 가지고 나온 그림에는 똘똘 말린 휴지가 기다랗게 붙어 있었다.[10] 혜원이가 가지고 나온 창작물을 보는 순간, 이보다 더 대담하고 창의적인 방법이 또 있을까 하는 생각이 들었다. 그림만 보면 무엇을 그린 것인지 알아볼 수 없을 만큼 삐뚤삐뚤하고 둥그런 형태였지만, 거기에 돌돌 말린 기다란 휴지가 붙자 그 형태는 코끼리를 연상시켰다. 나는 이로써 최연소 오브제 작가가 등장했다고 아이의 아빠에게 자랑했다.

그림 10 • **천혜원(4세), <코끼리>, 종이에 크레파스와 휴지, 30×40cm**
동물원을 다녀온 뒤 그곳에서 보았던 코끼리를 표현하고 싶어 하던 혜원이가 혼자서 고민하고 연구한 끝에 만든 작품이다. 처음 혜원이가 붙인 휴지가 떨어져서 내가 다시 튼튼하게 붙여 주었다.

혜원이는 이 작품을 만들면서 많은 것을 깨달았을 것이다. 일단 제일 중요한 점은 스스로 해결하는 게 어떤 결과를 가져오는가를 알았다는 것과, 남들이 생각하지 못하는 것을 생각해 내면서 창의력이란 저절로 만들어지는 것이 아니라 한 번 더 머리를 짜내야 한다는 사실을 알았다는 것이다. 그 후로 혜원이는 그림을 대신 그려 달라는 법이 없었다. 항상 스스로 그리고, 스스로 해결했다. 자신감을 가지고 즐겁게 평면과 입체를 오갔다.

별문제 없이 무난하게 커 간다고 생각했던 혜원이가 4살 무렵부터 유치원 생활에서 문제를 일으켰다. 유치원 입구에만 들어서도 얼굴이 굳어지거나, 들어가지 않겠다며 고집을 부리는 것이었다. 다들 즐겁게 뛰어노는 시간에도 혜원이는 계속 퍼즐 같은 정적인 것에만 몰두한다는 친구 엄마의 귀띔으로 내 머릿속은 혼란스러워졌다. 그 해결책을 찾기 위해 나는 사방을 뛰어다녔다. 그러다가 찾은 곳이 영재센터였고 내가 그림을 그린다는 사실을 안 그곳 소장은 내게 아이들을 가르쳐 보면 어떻겠냐는 제안을 했다. 큰 아이들을 가르쳤던 경험도 있고 해서 그리 큰 어려움은 없으리라 판단하여 쾌히 승낙했다.

이렇게 내 아이 혜원이에 대한 단순한 관심에서 시작되었던 미술 지도는, 그러나 개성이 강한 아이들을 만나면서 예상하지 못한 여러 가지 문제에 부딪히게 되었다. 그때 가르쳤던 아이로는 4살짜리 재용이, 성재 그리고 혜원이가 있었고, 6살짜리 규현이, 은성이, 수빈이가 있었다. 당시 나는 그동안 접해 왔던 책에 따라 이 아이들을 가르치려고 했지만 나의 무성의한 시도는 전혀 먹혀들지 않았다. 일주일에 한 번, 그것도 고작 2시간도 채 못 되는 시간을 같이 보내는데 일주일 내내 머리가 무거웠다.

시간이 한참 흐르면서 복잡하고 힘들었던 문제들이 서서히 풀리기 시작했다. 아이들은 억지로 시키거나 강요하기보다는 원하는 대로 의욕을 갖게 하는 것이 중요하다는 사실을 깨닫게 되자, 문제들이 쉽게 해결되었다. 이러한 사실을 깨닫고 나자 혜원이에 대한 문제까지도 여유를 가지고 대할 수 있었다. 그런데 또 문제가 발생했다. 혜원이가 이곳의 프로그램에 별 흥미를 느끼지 못하는 것이었다. 예전 같으면 어떻게든 설득해서 계속 시켰을 테지만 그간의 가르친 경험에 비추어 아이가 흥미를 못 느끼는데도 계속 교육을 해 봤자 효과는커녕 악영향만 미친다는 것을 알고 있던 터였다. 그래서 혜원이를 그만 다니게 했다.

문제는 남은 아이들이었다. 결국 규현이와 은성이는 내 작업실까지 따라오게 되었고, 한쪽 구석에 차려 놓은 책상에서 본격적인 나의 연구(?)가 시작되었다. 이때부터 나는 여러 명의 아이들을 선별하여 모집했다. 표현의 시작 단계에 들어서면서 자신의 것에 대한 고집이 강해지는 4살부터 5살까지, 점차 주위 영향을 민감하게 받기 시작하는 6살부터 7살까지, 그리고 표현이 지극히 도식화되는 8살부터 9살까지로 반을 나이별로 나누어 모집했다.

이렇게 분류해서 아이들을 모집한 결과, 4~5살 반에는 현경이, 하빈이, 지원이, 혜원이가 들어왔고, 6~7살 반에는 원래 있었던 규현이, 은성이 외에 1년 후 경호가 새로 참여했다. 마지막으로 들어온 아이는 동진이였다. 이 밖에 8살 3명과 9살 4명이 있었다.

당시 나는 아동 심리나 아동 교육에 대해서 아는 것이 별로 없었다. 서점이나 대학 도서관에서 접해 보기는 했지만 잠깐의 공부로 얻은 어설픈 지식에 기대어 아이들을 가르칠 수는 없는 노릇이어서 아예 접어 두기로 했다. 아동 미술 교육이라는 것이 어떠한 기법으로 무엇을 어떻게 그리고 만들지를 가르친다고 해서 될 일은 아니라고 본다. 나의 교육은 각각의 아이들에게 잠재되어 있는 능력을 인정하는 데에서 시작한다. 아이들의 능력과 개성을 인정하고 이를 바탕으로 표현 욕구와 창의력을 최대한 살려 인생을 올바로 꾸려 나갈 수 있도록 성장시키는 것이 기본적인 나의 교육 방침이다.

나는 수업 시간에 아이들 스스로 무엇을 할 것인지 생각하고, 토론을 통해 결정하도록 하고 있다. 두 달에 한 번 정도 묘사력을 위해 자세히 관찰하여 그리는 시간을 만들어 놓은 것 말고는 대부분 아이들 스스로 하도록 맡긴다. 가끔 내가 제안하는 경우가 있지만 포괄적인 주제를 주거나 재료를 선정하는 정도다.

처음부터 나의 수업 방식이 자유롭고 자발적으로 움직였던 것은 아니다. 동기는 첫 강의를 했던 대학 강사 시절에서 비롯되었다. 혜원이가 배 속에 있을 때 나는 석사 과정을 마쳤다. 이 과정은 내가 대학 입시를 무사히 통과해 들어갔던 학사 과정과는 달리, 간절히 배우기를 원했던, 그리고 향학열로 뜨겁게 달아올랐던 시기였다. 수업 방식은 학기 내내 교수님 얼굴을 보기도 힘들 정도로 스스로 알아서 공부하고 그리는 식이었다. 그 뒤에는 냉정한 평가만이 기다리고 있었다. 자발적이지 못하면 소화해 낼 수 없는 자유 속에 묻혀 보낸 시간이었던 것이다. 이때 나는 대학 4년 동안 못다 한 공부를 다 채워 넣을 수 있을 정도로 자발적으로 학습했다.

이때 공부는 어떻게 하는 것인지를 비로소 깨달았고, 대학교에서 첫 강의를 할 때도 이 방식을 택했다. 처음에는 내 수업 방식에 학생들이 쉽게 적응하지 못해 어려움도 많았으나, 결과는 만족스러웠다. 학생들은 점점 실력이 발전했고, 내 수업 방식을 즐기기 시작했다.

내가 꼬마들을 가르치기 시작한 것도 그즈음이다. 많은 통제와 규율에 길든 아이들이었지만 아이들은 자유로운 수업을 원하고 있었다. 그런 꼬마들을 따분하게 가르칠 이유가 없었다.

사실 막 교육의 시작 단계에 들어서서 어린아이들을 대할 때 자신감만으로 일관했던 것은 아니다. 이론적인 지식이 견고하지 않았던 터라 '혹, 이게 아니면 어떻게 하나?' 하고 불안해했던 적도 많았다. 특히 엄마들의 불만스러운 목소리가 날아들 때면 그 불안은 더했다.

때마침 하빈이 어머니가 "선생님 수업과 많이 비슷해요. 한번 읽어 보세요" 하며 건네준 『서머힐』이란 책은 너무나 고마운 선물이었다. 영국의 유명한 초등학교에서 하고 있던 교육 방침을 기술한 책인데, 그 유명한 학교의 교육이 내 수업 방식과 비슷하다는 것을 알았을 때는 정말 안도할 수 있었다.

나는 수업 중에 심하게 말썽을 부리는 아이에게 제일 무서운 벌로 "너, 그러면 다음 시간부터 빼 버릴 거야!"라고 조용히 말하고는 한다. 그러면 아이는 혼나는 것보다 더 무서워하며 금세 조심한다. 개성이 강한 아이들은 일주일에 두 시간씩 내 작업실에 모여 자신들의 창의력을 과시하고 토론하며 경쟁한다.

작업하는 과정에서도 각 반마다 분위기가 다르다. 7살 반 아이들은 사방 2미터 정도의 책상 주위에서 모든 작업을 진행하며, 9살 반 아이들은 한 명은 교실 바닥에 누워서, 한 명은 책상 위에 올라가서, 또 한 명은 한쪽 구석에 쪼그리고 앉아서 그리는 등 작업실 구석구석을 모두 활용한다. 5살 반 아이들은 아예 신발을 벗고 책상 위에 엎드

그림 11 • 작업실 풍경
아이들이 찾는 작업실은 늘 자유롭고 활기차다.

려서 그리는 경우가 많고, 8살 반 아이들은 그래도 단정하게 자신의 의자를 지킨다.11

이 아이들을 나는 사랑하지 않을 수 없다. 그리고 그들에게서 나는 많은 것을 배우고 있다. 아이를 키우는 엄마이자 아이들을 가르치는 교사인 나에게 이 아이들의 다양한 특성과 기발한 아이디어는 큰 도움을 준다.

(01) 발자국 소리가 큰 아이가 창의적이다

(02) 의욕을 키워 주면 그림이 새로워진다

(03) 지구력과 집중력은 의욕에 따라 결정된다

(04) 칭찬은 자신감을 만든다

(05) 스스로 하기를 기다리면 스스로 하게 된다

(06) 함께하면 즐거움도 배가된다

chapter

01

의욕과 자립심 키우기

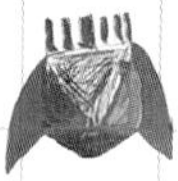

01

발자국 소리가 큰 아이가 창의적이다

수업이 시작되기 약 5분 전이면 아이들이 하나둘 내 작업실 문을 열고 들어오기 시작한다. 나는 경험을 통해 그들의 발자국 소리만 들어도 오늘은 누가 가장 창의적인 작품을 만들어 낼지 예상할 수 있다. 선생님에게 무엇인가 보여 주려는 의욕을 가득 담고 들어서는 아이는 층계를 올라오는 발자국 소리부터 활기차다. 오늘도 대충 한 작품 빨리 끝내고 놀아야지 하는 아이는 지루함과 무력감으로 발걸음부터 무겁다.

도화지를 받아 든 아이들의 눈빛은 그 판단을 더욱 확인시켜 준다. 활기에 찬 아이는 두 눈이 반짝반짝 빛나고 말이 많아진다. 그림 속으로 빠져들어 20분도 채 지나기 전에 이미 자신이 그린 로봇의 조종사가 되어 버린다. 30분쯤 지나면 천하무적이 되어 우주의 어떠한 적도 다 부수고, 그다음은 평화의 수호자가 되어 기세등등해진다. 이미 그림 속 로봇의 능력은 아이의 능력이 된 것이다.

의욕이 없는 아이는 일단 엄살이 많다. "못 그리겠어요." "몰라요." 그러다가 20분쯤 지나면 몸을 비비 꼬기 시작한다. 겨우 하나 그리고는 "다음은 또 뭐하죠?" 하는 식이다.

〈변형 로봇〉 **12, 13** 은 창의력이 뛰어난 규현이의 작품이다. 그날 규현이는 한 정류장쯤 뛰어온 애처럼 헐레벌떡 작업실로 들어섰다. 같이하기로 한 친구들이 다 모이지 않아 기다리자고 했더니 매우 불만스러워했다. 지난밤에 집에서 연습한 변형 로봇을 빨리 만들고 싶었던 것이다.

내 작업실에 들어서는 아이들 대부분은 손에 무엇인가를 하나씩 들고 있다. 남자아이일 경우는 로봇이나 공룡 인형, 또는 공룡 책, 권총, 비행기 등 정말 각양각색이다. 나는 이런 아이들이 정말 사랑스럽다. 어젯밤부터, 아니면 지난 일주일 동안 아이들은 자기가 가지고 있는 여러 가지 물건을 이용해서 무엇인가를 창출해 내기 위해 많은 고민과 생각을 했던 게 틀림없기 때문이다.

규현이가 내게 수업을 받은 지 1년쯤 되는 시점이었다. 그동안 규현이가 만든 작품을 보니 99퍼센트가 로봇이었다. 오늘은 무엇을 만들었을까, 호기심에 가득 차서 작업실 문을 연 규현이 어머니는 "또, 로봇이야?" 하며 항상 실망하는 눈치였다. 엄마의 그런 실망에도 아랑곳하지 않고 규현이는 다음 시간에도 또 로봇을 만들었다. 왜냐하면 당시 규현이의 머릿속에는 로봇으로 가득 차서 다른 어떤 것도 들어갈 공간이 남아 있지 않았기 때문이다. 규현이에게 다른 것을 요구한다면 도리어 아무것이나 그리려는 마음만 생길 뿐, 의욕이 없어질 것

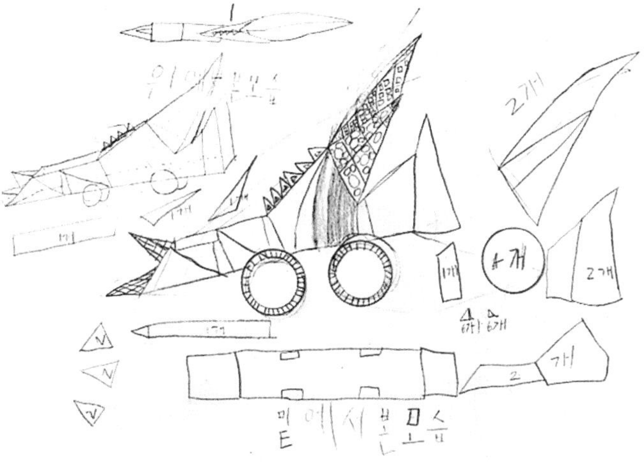

그림 12 • **조규현(7세), <변형 로봇> 투시도, 종이에 연필, 30×54cm**

그림 13 • **조규현(7세), <변형 로봇>, 폼 보드에 핀과 크레파스, 40×70×30cm**
완성되기 전의 중간 과정이 재미있어 사진을 찍었다.

이 분명했다.

규현이가 디자인한 로봇14, 15을 보면 의욕이 강한 상태에서 한 작업이 결국은 창의력과 연결된다는 사실을 알 수 있다. 신기하게도 규현이가 제작한 많은 로봇 가운데 같은 것은 하나도 없다. 얼핏 보면 같은 로봇을 그리는 것 같지만 조금씩 변화가 쌓이면서 규현이 나름대로 큰 발전이 있었던 것이다.

하루는 재현이가 테니스공 하나를 들고 왔다. 나는 처음부터 그 공 때문에 오늘 수업이 힘들 것이라는 예상을 했지만 빼앗지는 않았다. 수업이 시작되었는데도 재현이는 손에서 그 공을 떼지 않았다. 다행히도 다른 아이들은 토론에 열중하느라 그 공에는 신경을 쓰지 않았다. 그러나 토론이 계속되는데도 오늘 무엇을 해야 할 것인지 실마리조차 찾지 못한 아이들은 토론 시간이 점점 길어지자 지루해하며 한 명씩 공 튕기기에 동참했다.

나는 몹시 화가 났지만 한 번은 참아 주기로 했다. 그 대신 아이들에게 제안을 하나 했다. 번갈아 가면서 공을 튕기되 공을 못 잡는 친구는 벌로 오늘 해야 할 작업을 생각해 내고 진행 과정을 설명해 보라는 것이었다. 아이들은 게임을 하라는 그 제안에 모두 다 신이 났지만, 나는 아이들이 짧은 시간 안에 아무도 생각을 해내지 못할 것으로 예측하고, 만일 그렇다면 호되게 혼을 내리라 하고 벼르고 있었다.

게임을 막 시작하려고 하자 재현이가 10분 동안 생각할 시간을 달라고 요구했다. 그런데 그 10분 동안 재현이는 물론이고 아이들 모두가 구상을 하느라 메모까지 하며 분주했다. 겨우 10분 남짓한 시간 안에 아이들은 모든 계획을 세웠고, 그 계획에 흥미를 느끼자 공 튕기기를 그만두고 작업에 열중하게 되었다. 결국 그날 아이들은 재현이

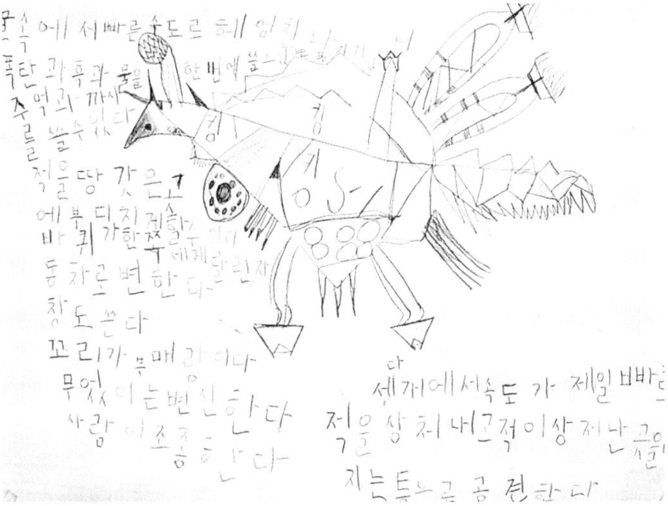

그림 14 • **조규현(7세), <독수리 변형 로봇>, 종이에 연필, 30×54cm**

그림 15 • **조규현(7세), <크파리레와 보파리레>, 종이에 수채, 30×54cm**

규현이는 로봇에 관심이 상당히 많다. 규현이가 디자인한 로봇을 보면 모양이 모두 다르다. 의욕이 강한 상태에서 한 작업은 결국 창의력과 연결된다는 사실을 말해 준다.

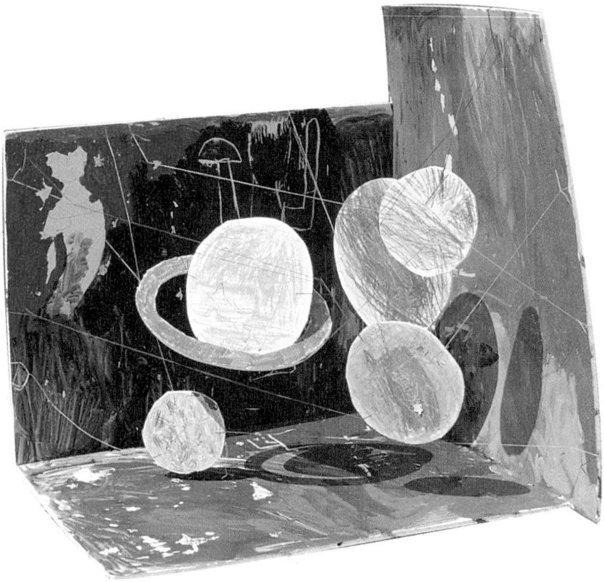

그림 16 • **조재현 외 2명(7, 8세), <우주>, 폼 보드에 실과 수채, 90×90×60cm**
의욕을 가지고 한 만큼 우주 속의 구조를 제법 잘 만들었다. 경호는 태양과 지구, 토성 그리고 소행성까지 그려 넣어 풍부한 지식을 과시했다. 안쪽에 블랙홀도 그려 넣었다.

가 구상하고 지도한 〈우주〉16를 입체로 멋지게 만들어, 호되게 혼내주려는 내 계획을 무산시켰다. 아이들이 지루해할 때는 의욕을 갖게 할 대상을 찾는 시간과 작은 계기를 마련해 주어야 한다는 것을 깨달은 날이었다.

아이가 의욕을 가지고 무엇인가를 할 수 있는 여건을 만드는 일, 이것이 창의력을 키우는 첫째 요건이라고 나는 확신한다. 내 아이에게 창의력을 키워 주고 싶다면 아이가 하고 싶어 하는 일, 의욕을 가질 수 있는 대상을 먼저 찾아보자.

02

의욕을 키워 주면 그림이 새로워진다

나는 배우러 온 아이를 받을 때 약간 까다로운 기준을 가지고 선발한다. 그런데도 도저히 가르칠 수 없어 한 달 정도 수업하다가 아이를 돌려보낸 적도 있다. 내가 행하고 있는 까다로운 선택의 기준이란, 잘 그리고 잘 만드는 기술이 아니라 아이만이 지니고 있는 순수함을 가졌느냐다.

성원이는 개구쟁이도 아니고 머리가 나쁜 것도 아닌, 그야말로 잘못된 교육을 받아 바로잡기 힘든 아이였다.

성원이와 첫 수업을 하던 날, 여느 때와 마찬가지로 "무엇을 할까?" 하며 수업을 열었다. 그 아이는 "바닷속이오" 하고 자신 있게 대답했다.

"그래, 그럼 시작해 보자."

이윽고 제법 꼼꼼하게 잘 그린 아이의 그림을 받아 든 나는 왠지 허전한 느낌을 받았지만 잘 정돈된 모습에서 위안을 찾았다. 그다음 주에는 똑같은 나의 질문에 성원이는 "놀이터요" 하더니 더 예쁜 그림을 그렸다. 그러나 여전히 느껴지는 허전함. 그다음 주에는 "우리 동네요"라는 대답과 함께 역시 잘 그린 그림을 내놓았다. 또다시 느껴지는 허전함, 이런 식으로 계속되었다.

"성원이는 요즘 뭐가 제일 재미있니?"

우선 나는 성원이의 관심 대상을 캐 보기로 했다. 성원이 역시 다른 남자아이들처럼 가장 흥미를 가진 관심 대상이 공룡이나 로봇이라는 것을 30분 만에 알 수 있었다.

"성원아, 혹시 공룡 같은 것 그려 보고 싶지 않니?"

"아니요."

"왜? 로봇은?"

"싫어요."

"그럼 혹시 우주 같은 것은?"

"예. 우주는 그릴게요. 우주는 그려 봤거든요."

성원이는 그동안 자신이 그려 보았던 그림만 그렸던 것이다. 모든 남자아이들이 즐겨 그리는 로봇이나 공룡은 그려 보지 않았기 때문에 그릴 의욕도 없고 그릴 수도 없었던 것이다. 이 아이는 만드는 것조차 싫어했고, 의욕을 가져야만 소화할 수 있는 새로운 작품에도 도전할 의사가 전혀 없어 보였다. 나는 성원이가 무엇을 알고 있는지, 무엇을 좋아하는지, 또 어떻게 해야 의욕을 불어넣을 수 있는지, 어떤 대안도 줄 수 없었다. 따라서 강한 의욕에 중점을 두고 있는 내 수업에서 성원이는 어떠한 능력도 발휘하지 못했고, 나 또한 무능한 선생이 되고 말았다. 나는 더 이상 이 아이에게서 창의적인 능력을 끄집어내기를 포기했다.

다만, 이 아이가 조금이라도 자유롭게 자랄 수 있기를 바라면서 아이의 어머니에게 몇 마디 전했다.

"성원이가 제 수업에서 잠재된 자신의 능력을 발휘하려면 1년 넘게 아무것도 못 하고 그냥 돌아가게 될 것입니다. 이 기간은 아이 스스로가 하고자 하는 강한 의욕을 만드는 시간이 됩니다. 그래도 괜찮다면 아이를 보내 주십시오."

그러나 성원이는 오지 않았다.

한번은 천재라고 소문이 자자한 한 아이에 대해 상담을 받았다. 이 아이는 종이의 한쪽 구석에서 그림을 그리기 시작하는데, 공룡 꼬리부터 그린다고 했다. 아이는 정말 종이의 가장자리 위에서 꼬리부터 그리기 시작하더니 5초도 안 되어 커다랗고 무시무시한 공룡을 만들어 냈다. 그런 것을 처음 본 터라 너무 놀라서 입이 딱 벌어졌다. 다시 한 번 그려 보라고 하니 또 5초도 안 되어서 한 마리의 공룡이 탄생했다. 햇병아리 교사였던 나는 그저 놀랍고 신기해서 이래서 천재라고 하나 보다 생각했다. 이런 아이를 어떻게 설명해야 할지 도무지 알 수 없었다.

그렇지만 이제는 제대로 설명할 수 있을 것 같다. 이런 현상은 대부분 인지력이 발달한 아이, 흔히 머리가 좋다는 아이들에게서 쉽게 찾아볼 수 있다. 그러나 좋은 표현 방법은 아니다. 그리고자 하는 대상을 외워서 그리는 경우로, 공룡을 여러 번 반복해서 그리는 동안 형태를 다 외우게 되었고, 이렇게 형태를 외워 놓자 공룡을 꼬리부터 그릴 수도 있고 팔부터 그릴 수도 있게 된 것이다. 어른들이 이 아이가 그리는 모습을 보고 놀라워하며 천재라고 칭찬을 하니 아이는 이것이야말로 그리는 재미인가 싶었을 것이다.

이러한 현상은 아이가 가지고 있는 공룡에 대한 관심과 의욕이 창의력으로 연결되지 못하고 잘못된 방향으로 흐른 경우라 할 수 있다. 만약 아이의 탁월한 능력을 다른 쪽으로 유도해 준다면 얼마나 뛰어난 창작물을 탄생시키겠는가? 기계에서 찍어 낸 듯 똑같은 공룡만을 생산하는 게 아니고 꼬리부터 그려 넣는 방법을 개발하는 게 아니라, 공룡에 대한 관심을 확장해 로봇으로 변신시켜 보기도 하고 공

그림 17 • **(좌)교사가 아이들에게 자료로 제시한 로켓 발사 사진**

그림 18 • **(우)공동 작품(8세), <로켓>**
로켓을 멋지게 만든 아이들은 그것만으로는 만족할 수 없었는지, 로켓을 천장에 붙여서 지붕을 뚫고 하늘로 날아가는 모습을 연출했으며, 발사할 때 발생하는 연기까지 솜으로 만들었다. 이처럼 미술 교육이 아이들에게 궁극적으로 키워 주려는 것은 작품 제작 능력이 아니라 새로운 것에 도전하려는 의지다.

룡 모양의 우주선으로 변형시켜 보기도 한다면 훨씬 더 바람직할 것이다.

이제 그 아이에게 말해 주고 싶다. "그림이라는 것은 의욕만 있다면 너의 뛰어난 두뇌를 표현할 수 있는, 또는 너의 아름다운 감성을 전달할 수 있는 아주 멋있는 수단"이라고.

아이들이 표현하는 것을 두려워하는 이유는 여러 가지가 있다. 앞서 말한 성원이나 5초 만에 공룡을 그리는 아이의 경우는 그림을 단순히 암기 능력을 과시하는 수단으로 여기는 잘못된 태도 때문에 일어난 현상이다. 이런 아이들은 표현할 대상도 점점 잃고 의욕도 줄어들어 표현의 진정한 맛을 놓쳐 버릴 수 있다. 이는 부모나 주위 사람들이 환경을 잘못 조성한 탓이다. 머리는 뛰어나지만 창조하는 습관을 들이지 않아 의욕을 갖지 못한 아이들이 우리 주변에는 많다. 내가 만났던 성재도 그런 아이들 중 하나였다.

처음 성재가 그림 그리기를 시작할 무렵에 생각하지도 못했던 행동을 보여 고심한 적이 있다. 이상하게도 그림은 그리지 않고 도화지를 돌려 가며 달팽이 같은 원만 계속 그렸다. 이 아이에게서 무엇인가를 끄집어내어 그리게 해야 할 텐데 아무리 달래고 구슬려도 소용이 없었다. 아이는 빙글빙글 원만 그렸다.

한 달쯤 지났을까. 성재는 둥글둥글한 원 대신 기역, 니은 글자 같은 직선을 삐딱삐딱하게 잇는 연습을 했다. 이러한 그리기가 한 달쯤 또 이어지자 경험이 미숙했던 나는 아이를 이해하지 못하고 고민에 휩싸였다. 이래서 소아정신과에서 그림을 가지고 아이를 치료한다고 그러나 보다 하고 혼자서 걱정만 했다.

그러던 중에 성재 어머니가 아이에게 그림에 소질이 있는지 없는

지 상담을 하러 찾아왔다. 그 무렵 그 꼬마 때문에 아무것도 할 수 없었던 나는 성재 어머니에게 별생각 없이 내 의견을 말했다.

"아무래도 성재가 이상해요. 소아정신과 치료가 필요한 것 같아요."

상당한 교양과 인내력을 가지고 있던 성재 어머니였기에 망정이지, 지금 생각하면 어떻게 그렇게 경솔한 말을 했는지 얼굴이 달아오를 정도다.

"글쎄요. 다른 문제는 없어 보이는데. 유난히 인지력이 발달한 것 말고는……."

성재는 5살짜리가 신문을 읽을 정도여서 주위에서 머리가 뛰어난 아이로 평가받고 있었다.

"조금만 더 두고 봐 주십시오."

어머니의 차분한 부탁에 머리가 절로 숙여져 그날부터 성재를 더 자세히 관찰하기 시작했다. 계속 그렇게 이상한 표현을 하던 아이가 또 한 달이 지났을 즈음 다른 것을 그렸다. 지금까지 한 가지 색을 쓴 것과는 달리 이번에는 초록색, 주황색, 파란색을 가지고 둥글게 그리기도 하고 직선으로 내리긋기도 했다. 조금 발전이 있자 이래서 교육이 필요한가 보다 생각하며 나의 능력에 조금 취해 보기도 했다.

당시 성재는 말수가 아예 없는 데다가 가끔 하는 말도 알아듣기 힘들었다. 그런데 하루는 그림을 시작하기 전에 성재가 기적이다 싶게 한마디를 했다.

"선생님, 교대에서 2호선과 3호선이 만나요."

가뜩이나 엉뚱한 아이라고 여기며 긴장하고 있던 터에 더욱 얼떨떨해졌다. 순간 다시 한 번 생각해 보니 2호선과 3호선이면 지하철 이야기일 테고, 그렇다면 성재는 지하철 표지판을 그리고 있었던 것이다. 그 무렵 성재는 엄마의 차를 타고 다니다가 지하철로 바꿔 타기 시작했다고 한다.

바로 그것이었다. 성재는 자신이 접하고 있던 것들을 그렸던 것이다. '아이들은 자신이 경험한 것을 그린다'는 이 단순한 진리에 생각이 미치자 나는 해답을 찾아낸 듯 기뻤다. 나는 성재가 그렸던 그림들과 성재가 지내고 있는 일상을 처음부터 다시 검토해 보기로 했다.

그랬다. 빙글빙글 돌려 그렸던 원은 그때 성재가 한창 하고 있던 '오르다'란 게임의 놀이판 모양을 그린 것이었고, 기역, 니은 모양의 직선들은 미로 찾기를 하던 중에 나온 것이었다. 아이의 이런 진지함을 깊이 이해하지 못하고 소아정신과에 가 보는 것이 좋겠다고 쉽게 단정해 버렸던 나의 행동에 가슴이 아파 왔다.

나는 앞에서 표현하는 습관을 들이지 않는다면 그 욕구가 줄어들어 기형적인 성장을 할 수도 있다는 말을 했다. 성재의 경우는 그리려는 욕구보다 안목이 훨씬 앞선 경우인데, 그야말로 영재에 걸맞은 높은 안목이 그리려는 욕구를 자꾸만 눌러 그리지 않던 습성이 아예 못 그리는 것으로 고착된 상태였다. 가령 자신이 코끼리를 아무리 잘 그린다 해도 사진이나 책 속의 코끼리보다 못한 것을 알고 있던 꼬마로서는 그릴 의욕이 없었고, 안 그리니 실력이 점점 줄어든 것이었다.

뒤늦게 문제의 심각성을 깨닫고 성재 어머니와 나는 특별한 노력을 기울이기 시작했다. 우선 성재에게 중요한 것은 자신감이었고, 그 자신감을 심어 주기 위해서는 성재의 표현물이 필요했다. 이 표현물을 만들기 위해서는 엄마의 역할이 무엇보다 중요했다. 성재가 무엇이든지 그릴 수 있도록 어머니가 많은 칭찬을 하라고 조언해 주었다.

그림 19 • **이성재(4세), 종이에 연필, 30×54cm**
그리기를 힘들어하던 성재의 마음을 전하려는 듯이, 성재 어머니는 화면 아래에 작은 글씨로 '코끼리가 포도나무를 흔들어서 포도 알들을 떨어뜨리는 그림'이라고 써 넣었다.

다음 그림19은 성재 어머니의 노력으로 얻어 낸 그림들 중 하나인데, 이 그림만 보더라도 당시 성재가 표현하는 것을 얼마나 힘들어했는지 알 수 있다.

이 아이를 위한 노력 끝에 성재가 즐겁게 그림을 그릴 수 있도록 할 단서가 하나 떠올랐다. 성재가 그렇게 좋아하는 수數를 이용하는 것이었다. 성재에게 자를 주고 폼 보드 위에 길이를 재어서 무엇이든 만들어 보도록 했다. 가히 수를 좋아하는 아이답게 자를 대고 10cm 간격으로 정확하게 선을 내리그어 다시 한 번 나를 놀라게 했다. 성재는 사방이 10cm씩 되는 정사각형과 그것을 응용한 직사각형도 만들어 자르고, 이것을 이용해서 직육면체를 만들었다. 그리고 계속 만들어진 육면체를 하나하나 쌓더니 아파트라고 칭했다. 이것을 다 더하면 100cm나 된다며 〈아파트〉20에 색까지 입혔다.

성재에게는 이처럼 의욕과 자신감을 심어 주는 계기가 필요했던 것이다. 이 꼬마가 좋아하는 수를 가지고 유도한 '성재만의 만들기'는 성재 어머니에게는 이 세상에서 최고로 멋있는 빌딩이 되었다. 이처럼 아무리 천재적인 머리를 가지고 있더라도 그것을 발휘하지 못한다면 둔재나 마찬가지가 되어버릴 것이다. 어머니와 함께했던 나의 노력이 또 다른 성재를 태어나게 만들었음을 지금도 나는 기쁘게 생각한다.

성재는 나로서는 이름조차 잘 알 수 없는 행성이 담긴 〈우주〉를 내게 선물하고 7살 때 다시 만나자며 떠났다. 성재는 우주를 그리면서도 풍부한 지식을 이용했다. 나는 알아볼 수 없었지만 성재는 우주 속의 조그마한 행성까지 생각하며 그렸다. 지금도 성재는 우주를 그리던 그 뛰어난 머리로 어딘가에서 표현력을 기르기 위해 노력하고 있으리라 믿는다.

그림 20 • 이성재(4세), <아파트>, 폼 보드에 핀과 수채, 100×10×10cm

03

지구력과 집중력은 의욕에 따라 결정된다

언젠가 내 아이들인 혜원이, 용석이와 놀이터에 갔는데, 7살짜리 아이 6명이 모래 장난을 하고 있었다. 장난감 포클레인으로 땅도 파고, 몇 명은 큰 물통에 물을 길어 와 웅덩이에 붓기도 하며 제법 재미있게 놀고 있었다. 시간이 점점 흐르면서 아이들의 노는 방법도 다양해졌다. 웅덩이에 비행기를 빠뜨려 보기도 하고, 직접 빠져도 보고, 둑도 쌓는 등 점점 재미를 더해 갔다.

잠시 후 아이 중 한 명이 하던 놀이를 그만두고 철봉에 매달리기 시작했다. 30분쯤 뒤에는 다른 두 명의 아이가 미끄럼틀을 거꾸로 올라가는 놀이를 하자, 주위에서 구경만 하고 있던 용석이에게도 모래 장난에 합류할 수 있는 행운이 주어졌다. 나머지 두 명과 함께하던 모래 놀이는 어둑어둑한 저녁이 되어도 끝나지 않았고, 저녁을 먹고 나온 아이들까지 동참하여 계속되었다. 처음부터 모래 놀이를 하던 두 명은 여전히 적극성을 보이면서 새로운 흥미를 만들어 냈다.

아이들이 노는 것을 2시간 정도 지켜본 결과 처음부터 끝까지 계속 이 놀이에만 몰두한 아이는 두 명에 불과했고 나머지는 계속 바뀌었다. 이 두 명 중에서도 한 명은 적극적으로 지휘를 한 반면, 또 다른 한 명은 지휘를 받는 그야말로 착한 심부름꾼 역할을 하고 있었다. 내 눈에는 시키는 대로 하는 아이가 너무 예쁘게 보였고, 서로 마음이 맞아 처음부터 끝까지 함께하는 모습도 보기 좋았다.

수업을 받는 아이들을 가만히 보고 있노라면 놀이터에서 일어났던 현상과 별반 다를 바 없다. 처음부터 끝까지 인내력을 가지고 버티는 아이가 있는가 하면, 30분쯤 지나면 서서히 이탈하는 아이가 생긴다. 풀어지는 아이들의 순서도 대체로 정해져 있다. '마지막 승부는 결국 지구력'이라는 말이 있듯이 지구력은 아이들 학습에서 중요한 부분을 차지한다.

4살짜리 꼬마 상현이는 형 재현이가 수업을 받는 동안, 언제나 엄마와 함께 밖에서 형의 수업을 훔쳐보며 부러워했다. 하루는 상현이가 하도 안되어 보여서 형 옆에서 그림을 그려 보라고 크레파스와 도화지를 주었다. 어린 상현이의 태도는 8살짜리 형들보다도 훨씬 진지하고 지구력 또한 대단했다. 지겹지도 않은지 땀을 뻘뻘 흘리며 그 큰 도화지를 다 메워 나갔다. 어린 꼬마가 너무 힘들게 그리는 모습이 애처로워 보여 그만하자고 말했더니 싫어하는 눈치여서 그냥 놔두고 말았다. 결국 상현이는 2시간을 꼬박 채워 8살짜리 형들을 무색하게 했다.

가만히 생각해 보면 상현이의 지구력은 지금부터가 문제인 것 같았다. 당시에 상현이는 어린이집을 다니고 있었는데, 어린이집에서 보통 아이들을 기준으로 하는 20분 정도의 시간표가 지구력이 강한 상현이에게는 짧을 수도 있었던 것이다. 무엇인가를 시작해 끝내기도 전에 교사가 "자, 이제 우리 하던 일 멈추고 제자리에 갖다 놓고 노래 부르자"고 할 때, 여기에 순종하는 아이는 단체 행동에 길든 착한 아이는 될 수 있을지언정 중요한 지구력을 잃을 수도 있다.

용석이도 어릴 때 내가 놀랄 정도로 지구력이 강했다. 하루는 집에서 낮잠을 자고 일어났는데 집이 너무 조용했다. 주위를 둘러보니 용석이가 보이지 않았다. 순간 가슴이 철렁 내려앉았다. 집 안을 둘러보았더니 용석이는 누나 방에서 세트 박스에 들어 있는 크레파스 60개의 껍질을 하나하나 벗기고 있었다. 내가 잠들기 전부터 시작했던 놀이라 신기해서 가만히 보았더니 거의 다 벗기고 안 벗긴 것은 5개뿐이었다. 능숙하지 못한 손놀림으로 한 시간 반이나 이 일에 집중을 하고 있었던 것이다.

각기 다르기는 하지만 아이들에게는 타고난 지구력이 있다. 이 지구력이 단체 생활의 강요로 인해 무너질 수도 있다면 생각해 볼 필요가 있다. 그런데 지구력과 관련해 중요하게 짚고 넘어가야 할 문제가 있다. 집중력이 바로 그것인데 지구력보다 더 중요하다 해도 과언이 아니다.

한 예를 보자. 7살 반의 3명은 각각 지구력과 집중력에 큰 차이를 보인다. 규현이나 은성이는 원래 지구력이 뛰어나기로 유명한 아이들이다. 9살 반의 아이들과 같이 수업을 한 적이 있었는데 2시간을 넘기고 마지막까지 남은 아이들이 바로 규현이와 은성이였다. 이 두 아이와 경호가 함께 수업을 하자 경호 어머니가 난처해했다. 9살짜리보다 뛰어난 지구력을 갖고 있는 두 아이를 경호가 따라가기 힘들어했던 것이다. 경호 어머니는 못 견디고 중간에 나오는 자신의 아이가 안되어 보였던 모양이다. 그러나 수업의 전 과정을 지켜보고 있는 나에게는 그리 문제가 되지 않았다.

경호는 2시간의 수업 중에서 앞의 1시간 동안 집중하는 능력이 다른 아이들보다 매우 뛰어나서 그 시간에는 내가 무슨 말을 해도 못 들을 정도였다. 1시간 동안 모든 에너지를 다 소모해 버리니 나머지 시간에는 따라 하기 힘들어하는 것도 당연했다. 다음 그림21은 경호가 4일 동안 조립한 로봇을 앞 · 위 · 옆에서 보고 그린 것이다. 경호는 이날 이것을 그리고 몸살이 났을 정도로 집중을 했다. 자세히 보면 우리가 모르는 기관의 묘사가 하나하나 살아 있다.

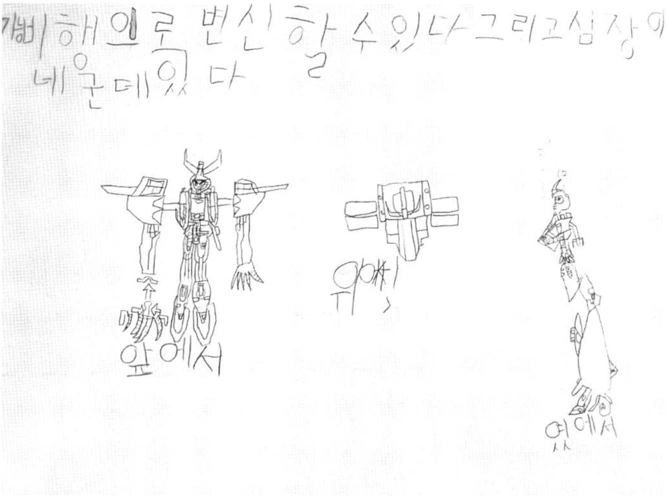

그림 21 • 장경호(7세), <로봇>, 종이에 연필, 30×54cm
수업 전에 조립한 로봇을 가지고 와서 그린 그림이다. 위에서 본 모습, 옆에서 본 모습까지 정확하게 그렸다. 경호의 집중력은 대단해서 이것을 그리고 몸살이 날 정도였다.

은성이의 경우는 놀랄 만큼 집중력과 지구력이 강하면서도 성실한 성격이다. 시간이 지남에 따라 다소 힘들어하지만 인내력으로 버티는 것 같다. 은성이는 힘든 부분까지 착실하고 꼼꼼하게 다 해결한다. 결국 끝까지 가장 오래 남아 있는 아이는 은성이다. 이러한 예를 볼 때 지구력과 집중력이 비례하는 것만은 아니라고 할 수 있다.

나는 지구력보다는 집중력에 더 큰 비중을 두고 싶다. 책상에 오래 앉아 있는 것 같은데 성적이 오르지 않는 아이는 집중력이 약하기 때문이라고 말할 수도 있다. 그렇다고 지구력을 소홀히 할 수도 없다. 집중력은 대부분 아이의 타고난 성향이 많은 영향을 미치지만, 지구력은 타고난 집중력과는 달리 습관에 의해 좌우된다. 사실 아이들의 경우에 집중하는 만큼 그 일을 하기 때문에 집중력의 크고 작음이 지구력을 결정짓는다고도 할 수 있다.

지구력의 경우, 연습에 의해 조금씩 늘려 줄 수 있으며 지구력이 생기면 그만큼 집중력도 깊어진다. 특히 나이가 어릴수록 현저한 차이가 난다. 친구를 막 사귀게 되는 4살 이하의 어린아이들은 친구와 대부분의 시간을 보낼 나이인 5살짜리 아이들에 비해 오히려 지구력이 뛰어나다. 제법 오랜 시간을 그리기에 몰두하고는 했던 하빈이가 유치원에 들어가면서 그리는 시간이 짧아진 것이나, 착실하던 은성이가 유치원에 들어가면서 다소 산만해진 것도 그러한 예다.

규현이의 경우는 처음부터 수업을 즐기는 편이다. 유별나게 집중력이 강한 편은 아니지만 그렇다고 느슨하고 편안하게 임하는 편도 아니다. 끝까지 재미있게 즐기는 스타일이라고 할 수 있다.[22] 그러나 승부욕이 강한 규현이가 〈퍼즐 맞추기〉[23]를 제작할 때는 3시간 동안이나 집중하는 모습을 보여 주었다. 아이들은 이것으로 훌륭한 게임

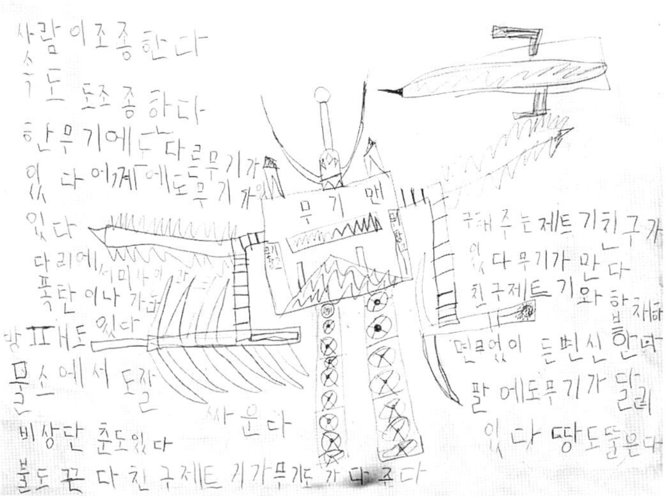

그림 22 • **조규현(7세), <무기맨>, 종이에 연필, 30×54cm**
남자아이들은 보통 로봇이나 로켓, 공룡을 그릴 때 많은 의욕을 보인다. 자세하게 설명을 쓴 것을 보더라도 얼마나 의욕을 가지고 그렸는지 알 수 있다.

그림 23 • **이지혜 외 6명(11세), <퍼즐 맞추기>, 폼 보드에 수채, 120×150cm**
의욕이 생기는 것을 할 때 집중력이 강해지며, 오랜 시간 집중을 하다 보면 지구력도 자연히 늘어나게 된다. 자신들이 직접 만든 퍼즐로 놀이를 할 생각을 하니 저절로 오랜 시간 집중하게 되었다.

을 했다.

감정이 솔직한 아이들은 자신이 흥미 있다고 생각하는 분야에 상당히 강한 의욕을 보이며 집중한다. 묘사력에 자신 있는 정민이가 보고 그리기를 하는 시간에 더욱 집중을 한다거나, 한준이가 새로운 발명품에 대한 기능을 쓰는 시간에 집중력을 보이는 것은 각기 좋아하는 부분에 많은 의욕을 보이는 예들로서, 의욕에 의해 집중력이나 지구력에 차이가 난다는 것을 입증한다.

9살 반의 경우는 고르게 1시간 정도의 지구력을 가지고 있었다. 재미있는 현상은 한수나 정민이는 작품 구상과 동시에 도화지 위에 연필을 올리는 반면, 한준이의 경우는 앞의 40분 정도를 무엇인가를 구상하는 데 쓰고 한수나 정민이가 그림을 거의 끝낼 때부터 그리기 시작한다는 것이다. 한준이는 한수와 정민이가 그리는 것에 다 참견하면서도 생각은 자신의 것을 구상하는 데 가 있다. 순간순간 아무도 알아듣지 못하는 말을 하는데 결국 그 말은 작품 구상을 위한 것들이다.

지구력이나 집중력은 아이들의 삶에서 조금도 무시해서는 안 되는 중요한 요소다. 더 늦기 전에 지구력이나 집중력을 키워 주기 위해서는 어떻게 해야 할까? 지구력이나 집중력은 의욕이 관건이다. 지구력을 늘리기 위한 열쇠는 아이들이 의욕을 가질 수 있는 학습 대상이다. 아이가 좋아하는 것, 그것을 찾아내서 시키면 된다. 흥미 있는 것을 통해 아이의 의욕을 만들어 내고, 의욕이 있는 일로 집중력과 지구력을 서서히 발전 · 확대시키면 좋은 결과를 얻을 수 있을 것이다. 이래서 또 아이들은 로봇과 공룡, 공주를 그리게 되는가 보다.

04

칭찬은 자신감을 만든다

내 작업실을 찾은 선배들이나 미술을 전공했다는 엄마들이 벽과 바닥에 놓인 아이들의 작품을 보고 하나같이 물어 오는 질문이 있다. 어떻게 하면 아이들이 이렇게 재미있는 작품을 만들 수 있냐는 것이다. 이런 질문을 받을 때마다 기분은 좋지만 뭐라고 말해야 할지 참 난처하다. 사실 나는 특별한 방법이나 체계를 가지고 아이들을 가르치는 것이 아니기 때문이다. 그냥 빙그레 웃는 내게 그들은 약간의 야유 섞인 말을 하지만, 정말 나는 해 줄 말이 없다. 그렇다고 내가 하는 유일한 방법인 '칭찬'이 묘책이라고 말한다면 믿을까. 그러나 가장 쉬울 것 같고 누구나 할 수 있을 것 같은 그 '칭찬'이 아이들의 창의력을 높이기 위해 내가 최우선으로 하는 교육 방침이다.

내가 아이들에게 가장 자주 쓰는 말은 "와! 대단하다. 그다음

그림 24 • **(좌)노은성(7세), <슈퍼 헬리콥터> 투시도, 종이에 연필**
자신감을 심어 주기 위해서는 많은 칭찬이 필요하다. 나는 아이들에게 칭찬받을 기회를 주기 위해 발표를 시키거나 제작한 작품의 기능과 특징을 꼭 기록하라고 한다.

그림 25 • **(우)노은성(7세), <슈퍼 헬리콥터>, 폼 보드에 색연필, 90×60×30cm**

은……"이거나 "와! 굉장하다. 그래서……"다. 나의 이 기계 같은 감탄사를 순진한 아이들은 진심으로 받아들이고, 자신이 만들어 낸 것들을 서로 앞다투어 자랑하려고 한다. 아이들은 자신을 칭찬해 주는 사람 앞에서 능력을 마음껏 발휘하게 되는 모양이다.

재현이는 감성이 순수하고 창의력도 뛰어난데 의욕이 부족한 단점이 있었다. 의욕이 부족하니 지구력도 약해서 시작해 놓고 중간에 그만두어 이것도 저것도 아닌 그야말로 그리다 만 작품을 만드는 경우가 종종 있었다. 만일 재현이가 다른 곳에서도 이럴 경우에 재현이의 뛰어난 감성과 창의력은 전혀 발휘되지 못하고 사그라져 잠재된 능력을 인정받지 못할 것이었다.

나는 내가 아끼는 아이를 그냥 이대로 방치할 수 없었다. 그래서 재현이 어머니에게 전화를 했다.

"재현이가 오늘 너무 열심히 그림을 그렸으니까 많이 칭찬해 주세요."

다음 시간에 그림을 그리러 온 재현이가 나에게 무엇인가 할 말이 있는 듯 머뭇머뭇했다.

"저, 엄마에게 전화해 주셔서 고마워요."

평소 쑥스러움을 많이 타던 아이가 이 이야기를 꺼내느라 얼마나 힘들었을까 생각하니 재현이가 더 기특하게 여겨졌다. 그날 나는 재현이 어머니에게 이 이야기를 하며 저렇게 잘 자라는 아이에게 무엇을 더 바라느냐며 진심 어린 칭찬을 해 주었다. 한 번의 칭찬이 재현이를 갑자기 바꿀 수는 없었지만, 전보다 의욕도 훨씬 많이 가졌고 머리에서 무언가를 끄집어내려고 시도하는 모습도 보였다.

재현이와는 다른 경우로 스스로를 자랑하고 싶어 할 정도로 자신감이 넘치는 아이가 있었다. 현정이는 표현력이 그리 뛰어난 것도 아니고, 그렇다고 지구력과 집중력이 강한 편도 아니었다. 무엇을 그리면 어찌나 빠르게 그리는지, 내가 중간에 제지할 여지도 없이 관망만 하는 상태가 두 달이나 지속되었다. 그렇지만 내가 현정이를 포기할 수 없었던 것은 누구보다도 자신만만하고 우직한 아이의 태도 때문이었다.

내가 보기에 현정이는 자신이 다른 아이들보다 잘하지 못한다는 것을 알고 있는 듯도 했지만 자신감만큼은 누구에게도 뒤지지 않았다. 욕심과 오기도 얼마나 많은지 제 뜻대로 안 된다 싶으면 얼굴이 붉으락푸르락했다. 나는 현정이의 이러한 면이 미래를 보장하는, 포기할 수 없는 매력으로 여겨졌다. 당장 나타나는 실력보다 가능성을 믿기 때문이다.

5개월이 지나자 이 꼬마 아가씨는 첫 만남에서 가졌던 나의 믿음이 틀리지 않았다는 것을 증명이라도 하듯 빠른 속도로 기존 아이들의 실력을 따라잡았다. 아니, 금방이라도 역전시킬 기세였다.

4살쯤부터 아이들은 괜스레 고집을 부린다. 이것은 자기 것에 대한 강한 집착 때문이라고 할 수 있는데, 강한 집착은 자신감에서 나온다고 해도 틀린 말이 아니다. 아이들이 얼마만큼 자신감을 가지고 자신을 표현하느냐 하는 문제는 그 아이가 얼마만큼 칭찬을 받으면서 자랐는지를 가늠하는 척도가 된다.

한번은 "우리 아이는 많은 칭찬과 격려를 받고 자랐는데도 왜 적극적인 표현을 하지 못하는 것일까요?"라는 질문을 받은 적이 있다. 이 문제는 '언제부터 아이가 허락을 받기 시작했는가?'라는 질문과 연결된다.

내가 가르쳐 본 경험에 의하면 아이들은 누군가에게 가르침을 받는 5 · 6세 때부터 이런 질문을 하기 시작한다. "선생님, 이거 이렇게 해도 돼요?" 이 질문은 5살 반에서는 흔히 들을 수 없지만, 7살, 8살, 9살 반에서는 자주 듣는다. 그만큼 아이들이 커 가면서 자신감을 잃어 가고 있는 것이다. 이것은 다시 말해 어른들이 아이들에게 칭찬에 인색했다는 증거다.

나는 아이들에게 발표할 기회를 주거나, 조금 어설프더라도 자신이 제작한 작품의 기능과 특징을 꼭 기록하라고 한다. 창작물을 자랑하고 칭찬받을 기회를 주기 위해서다. 어떤 때는 일부러 실수를 해 보기도 하고, 잘못된 부분을 만들기도 한다. 아이들에게 자신감을 길러 주기 위해서다.

칭찬을 많이 받고 자란 아이들은 누가 지적을 하더라도 자기 것에 대한 자신감과 확신이 있기 때문에 자기 마음대로 고쳐 보기도 하고 계속 우기기도 한다. 한번은 보고 그리기를 하는 시간에 사물을 크게 그려 자세한 부분을 찾아보게 할 의도로 토끼를 외곽만 그려 주었다. 그랬더니 경호가 내가 그린 그림이 마음에 안 든다며 내 앞에서 깨끗이 지워 버리고 그 위에 다시 조그마한 토끼를 그렸다. 그만큼 경호는 자신의 능력이 선생님보다 뛰어나다고 자부하고 있었다. 나는 아이들이 내 수업을 평가할 수 있는, 그리고 교사의 잘못까지도 지적할 수 있는 그런 사람이 되기를 진심으로 바란다.

규현이는 자신이 만든 〈로봇〉26의 얼굴을 반은 주황색으로, 반은

그림 26 • **조규현(7세), <로봇>, 폼 보드에 핀과 물감, 140×100×50cm**
얼굴에만 변화를 준 못생긴 로봇이지만 규현이의 개성과 자신감이 엿보인다.

파란색으로 칠했다. 내가 보기에는 촌스럽고 우스워서 "그래도 얼굴은 한 가지 색으로 칠하는 것이 좋지 않을까?" 하고 낡은 주장을 하자 규현이가 "변화가 중요하다고 전에 선생님께서 말씀하셨잖아요" 하고 말했다. 나는 이 아이에게 백기를 들 수밖에 없었다.

얼굴에만 변화를 준 못생긴 〈로봇〉을 볼 때마다 불안한 느낌이 들어 한쪽 구석으로 치워 놓기는 했지만, 그래도 아이가 자신감을 가지고 만든 작품이니 무시할 수 없었다. 오히려 나는 규현이가 자신의 창작물에 애정을 갖도록 더 많은 칭찬을 담아 주었다. 질질 끌리는 청바지가 유행하리라고는 과거에는 상상도 못 했듯이, 어쩌면 먼 훗날에 이 로봇이 독특한 감각을 지닌 것으로 평가받을지도 모를 일이다. 자신감을 가지고 만든 규현이만의 개성이 들어 있으니 말이다.

〈로켓〉27은 규현이와 경호가 7살 반 아이들과 함께 칠한 작품인데, 그렇게 변화를 중요시하더니 로켓의 색마저 독특

그림 27 • **장경호 외 2명(7세), <로켓>, 폼 보드에 핀과 수채, 60×30×30cm**
변화를 중시하던 아이들이 새로운 느낌의 색을 칠했다.

한 방법으로 칠했다. 아이들이 탄생시킨 이 로켓의 독특한 무늬 덕분에 어둡던 작업실이 아주 환해진 느낌이다.

칭찬을 듬뿍 받고 자란 아이들은 "변화가 중요하다", "선생님이 한 제도가 틀렸다", "나도 할 수 있다"는 등의 자신감 넘치는 말을 자연스럽게 한다. 그러면 나는 아이들에게 "다음에는 그런 실수를 안 하도록 노력하겠다"며 미안해할 수밖에 없다. 속으로는 아이들이 정말 잘 자라고 있다고, 대견하다고 느끼면서 말이다.

아이들의 능력이야말로 무궁무진하다. 누구의 허락이 없어도 스스로 무엇이든지 해낼 수 있다. 아이들이 만들어 내는 어떤 것에도 나는 칭찬할 준비가 되어 있다.

05

스스로 하기를 기다리면 스스로 하게 된다

어린 혜원이를 남의 손을 빌려 키웠던 나는 혜원이에게 친구를 만들어 주지 못한 것이 항상 미안하고 가슴 아팠다. 오후가 되면 동네 아이들은 모두 엄마 손을 잡고 아파트 뜰에 나와 노는데, 혜원이는 베란다에서 미지의 세계를 바라보듯 그것을 보기만 했다. 그런 혜원이였지만 그 속에서 얻은 것이 있다. 혼자 노는 법, 바로 이것을 터득하게 된 것이다.

어린 시절의 혜원이는 자신의 방에 들어가면 무엇을 하는지 1시간 정도는 거뜬히 넘기고 나왔다. 방을 나오는 혜원이의 손에는 항상 무엇인가가 들려 있는데, 손을 뒤에 두고는 엄마, 아빠에게 "하나, 둘, 셋"을 외쳐 보라고 했다. 나와 아이 아빠가 동시에 "하나, 둘, 셋" 하면, 혜원이는 손에 든 무엇인가를 활짝 펼쳐 보였다. 그때마다 우리가 놀랄 정도로 기발한 작품을 하나씩 선보였다. 연필에서 색연필, 사인펜, 크레파스, 물감까지, 게다가 어떤 때는 잡지를 오려 테이프로 붙이기까지 했다. 나와 아이 아빠는 이 각양각색의 재료들이 어우러진 아이의 창작물에 찬사를 아끼지 않았다.

혼자서 노는 아이, 무엇에 열중하면 엄마가 와도 모르는 아이, 무엇인가를 한 번 시작하면 1시간은 쉽게 넘길 수 있는 아이, 나는 이렇게 커 가는 혜원이가 잘 크고 있다고 믿었다. 친구들과도 잘 어울리고 스스로 사회에 적응해 가기 때문이었다.

나는 아이들을 가르치기 시작한 그날부터 혜원이의 경우처럼 자립적인 태도를 키우는 것을 우선순위로 정했다. 몇 주 동안 아무것도 만들지 못하고 빈손으로 돌아가더라도 아이들 스스로가 하기를 원했다. 그 저변에는 아이들 스스로 할 수 있으리라는 믿음이 있었기 때문이다.

그 무렵에 나는 4살 된 딸아이의 강한 고집을 경험하고 있던 터라 6살 아이들의 내면에 들어 있는 고집과 자립심에 오히려 후한 점수를 주었다. 그러면서 언제부터인지 아이들이 쉽게 던지던 질문인 "선생님, 이거 이렇게 해도 돼요?"가 서서히 줄어들기 시작했다. 나도 모르는 사이에 아이들은 자립심을 키우게 되었던 것이다.

동진이는 7살 반에 들어온 지 한 달이 지나고 나서도 여전히 무엇을 해야 할지 몰라 해서 내 속을 태웠다. 다른 친구들은 저마다 도화지나 폼 보드를 들고 자신이 계획해 놓은 것을 하기 위해 연필, 지우개, 색연필, 물감, 크레파스, 칼 등 필요한 것을 찾아다닐 때도, 동진이는 어떻게 해야 할지 몰라 구경만 했다. 그때 내가 "은성아, 동진이 것도 좀 갖다 줘라"라고 했다. 은성이가 동진이에게 "뭐 줄까? 연필?

물감?" 하며 물어보았지만 동진이는 "아무거나" 하고 무관심하게 대답했다. 규현이가 "아무거나래, 그런 게 어디 있냐? 너 오늘 뭐 할 거야?" 하면서 반박을 해도 동진이는 "몰라" 하고 김빠진 소리를 했다. 경호도 한심하다는 표정을 지으며 한마디 거들었다. "어휴, 모른대."

이윽고 수업이 시작되었고 아이들은 저마다 자신의 것에 몰두했다. 그런 와중에도 동진이는 계속 할 일을 찾지 못하고 멀뚱멀뚱했다. 이번에는 내가 "동진아, 우리 광고 한번 해 볼까? 너 가장 자랑하고 싶은 것이 뭐니?" 하니까, 동진이는 제법 여러 대답을 내놓았지만 무엇부터 손을 대야 할지 몰라 계속 힘들어하는 눈치였다. 하는 수 없이 내가 손을 대어 어려움을 조금 풀어 주어 보았지만, 결국에는 색을 선택하는 것조차 허락을 받고자 하는 이 아이를 그냥 놔두기로 결심했다.

1년 전에는 규현이나 은성이도, 나중에 동참한 경호도, 이제 들어온 지 한 달 된 동진이와 마찬가지였기 때문이다. 아직도 은성이는 가끔 "선생님, 이거 이 색으로 칠해도 돼요?" 하고 무의식중에 질문을 했다가 곧바로 정신을 차렸다는 듯이 "아니, 아니" 하고는 다시 마음대로 그리고 색칠을 했다. 5개월쯤 지난 뒤에야 어떠한 질문에도 대답하지 않는 내 의도를 알았는지 자발적인 면을 조금씩 보이기 시작했고, 이제는 오히려 내가 "이거 해 보자" 하면 "싫어요"라는 소리를 거침없이 했다.

동진이를 보면서 안쓰러운 마음이 들기는 했지만 그래도 계속 놓아둬 보기로 했다. 이 아이도 언젠가는 혼자서 무엇이든지 할 수 있으리라는 믿음 때문이었다. 사실 아이들이 작업하는 것을 옆에서 보기만 하고 스스로 하게 놓아두는 것이 얼마나 어려운 일인지 모른다. 이

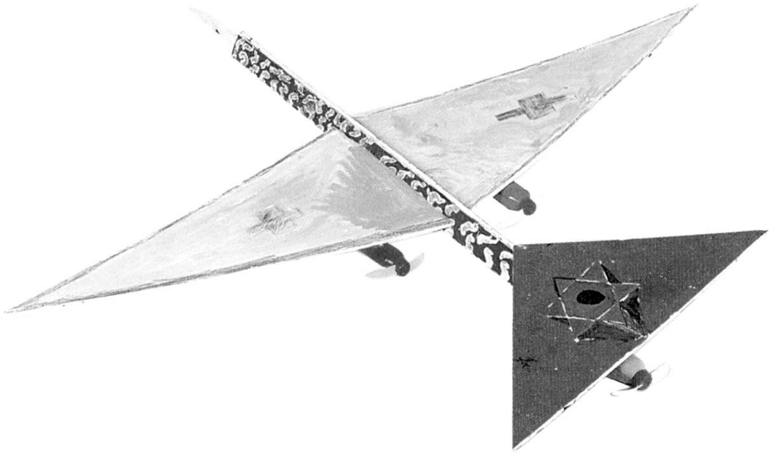

그림 28 • **김동진(7세), <비행기>, 폼 보드에 수채, 160×150×15cm**
스스로 하는 것을 힘들어하던 동진이가 2개월쯤 지나자 규현이와 은성이의 도움으로 자신의 비행기를 제도해서 만들었다. 나와 아이들은 박수와 함께 많은 칭찬을 해 주었다. 동력으로 손선풍기를 3개나 달았지만 겨우 10cm 움직였다. 그래도 아이들은 크게 환호했다.

렇게 하면 훨씬 더 재미있고, 저렇게 하면 더 멋있는 작품을 만들 수 있을 텐데 하는 아쉬움이 남을 때가 많다. 또 가끔이기는 하지만 아이가 무엇을 해야 할지 몰라 멀뚱멀뚱하게 허공을 바라보고 있으면, 차라리 "얘들아, 우리 이거 그려 보자" 하고 아이에게 시키면 편할 것도 같다. 그렇지만 나는 모른 척하고 아이들이 알아서 하기를 기다린다.28

단지 내가 하는 일은 가끔 "선생님 생각으로는" 하고 단서를 붙여서 내 생각을 전하는 것뿐이다. 나의 이런 태도에 아이들의 반응은 반반이다. 내 생각을 따르는 아이도 있고, 그래도 자신의 주장을 강하게 관철시키는 아이도 있다. 다 좋은 현상이다. 자신의 주장으로 선생님의 주장을 이기려면 그만큼 자신의 것에 대한 강한 자부심과 거기에 합당한 이유를 만들기 위한 노력이 있어야 하기 때문이다. 이처럼 자립심은 스스로 해야만 커질 수 있는 것이다.

아이들이 어느 정도 수업에 익숙해질 무렵, 저녁 7시에 내 작업실에서 부모와 아이들이 함께 모였다. 아이들이 만든 작품의 슬라이드를 환등기로 비춰 보기 위해 일부러 저녁 시간에 모임을 가진 것이다. 어두컴컴한 방 안의 스크린에 자신의 작품이 크게 확대되어 나타나자 그 주인공들은 마냥 기쁘고 자신만만한 얼굴을 보였다.29

규현이에게 자신이 제도한 로봇을 진짜 로봇만큼 확대시켜 놓고 나와서 그것을 설명해 보라고 하니까, 그렇게 말 잘하던 아이가 말을 조금씩 더듬기 시작했다. 규현이 어머니는 끝내 못 보겠는지 "큰 아이부터 시키지요"라고 제안했다. 아이보다 더 가슴 떨려 하는 엄마들의 속마음이 궁금해졌다. 능숙하게 해내지 못하는 자식이 안쓰러워서일까? 창피해서일까? 그러나 속 타는 엄마들의 심정과 달리 아이들은

그림 29 • **환등기로 확대된 자신들의 작품을 보고 있는 아이들**

너무나 당당했다.

자신이 직접 만든 로봇의 제도 과정과 작품의 특징을 설명하니 자신감이 더 생기는 모양이었다. 나는 또박또박 말하라거나 크게 말하라고 가르칠 필요가 없었다. 자기의 것을 말하는 아이는 아무런 요구가 없어도 스스로 알아서 크게 말하기 마련이다. 의견을 교환해야 하는 경우도 아이들은 차근차근 또박또박 자신의 의견을 말했다. 물론 처음에는 좀 긴장을 했는지 떨기도 했지만 아이들은 기특할 정도로 발표를 잘했다.

자신감과 자립심이 강한 아이들은 질문도 서슴없이 한다. 내 로봇에 자랑할 것이 많으면 많을수록 친구의 로봇을 궁금히 여긴다. 친구의 로봇을 이기기 위해서 더 많은 기능을 개발해야 하기 때문이다. 비판하는 능력 또한 상당히 높은 수준이다. 조금 과장스러운 부분에서는 원리에 따라 논리적으로 따지고 든다. 궁지에 몰린 로봇의 주인은 "내 맘이다"라고 딱 잘라 말하면서 뻔뻔(?)하게 버텨 보기도 하는데 결국에는 자신의 과장을 인정한다.

아이들에게 자립심을 키워 주는 일은 날카로운 판단력과 비판 능력을 길러 주는 것이기도 하다. 남의 것을 원칙 없이 모방하거나 암기하는 것은 발표력은 물론이고 비판력이나 자신감의 결여를 낳는다. 자립심이 부족한 아이는 남의 것을 제대로 받아들이는 능력을 키우지 못할 뿐 아니라 궁금한 것이 무엇인지조차 모르고 있기 때문에 질문은커녕 비판하는 능력 또한 가질 수 없다.

06

함께하면 즐거움도 배가된다

나는 앞 장에서 아이를 자립적으로 키우기 위해서는 수업 전반에 걸쳐 자발적인 태도를 기본으로 해야 한다는 점을 강조한 바 있다. 이는 협동 작업을 하기 위해서는 자립적인 태도가 전제되어야 한다는 것을 깨달았기 때문이기도 하다. 무엇이든 혼자 힘으로 할 수 없는 아이는 서로 도와 가며 하는 협동 작업도 어려워하기는 마찬가지다. 이것을 깨닫는 데는 5개월이라는 시간이 걸렸다. 이 시간은 아이들에게 자립심을 심어 주기 위해 노력했던 시간과도 일치한다.

처음에 아이들은 못 박는 일조차 혼자 하는 것을 더 좋아했다. 다른 아이의 능력을 믿지 못하는 것이 첫째 이유였고, 아무도 자발적으로 도와준다거나 도와 달라는 부탁을 하지 않는 것이 또 다른 이유였다. 이처럼 함께하는 것을 힘들어하는 아이들에게 협동심을 길러 주기 위한 과정은 예상보다 힘들었다.

혼자 끙끙거리며 작업하는 규현이를 보다 못한 내가 "은성아, 규현이 좀 도와줘라" 하면 은성이는 "어떻게요?" 하고 대꾸했다. "못 박을 때 네가 판을 잡아 주면 되잖아" 하면 "어떻게 잡아요? 규현이가 이렇게 가리고 있는데요?"라며 힘들다는 표정을 지었다. 자세히 보니 규현이 또한 원하는 눈치가 아니었다.

커다란 전지 크기의 종이에 합동으로 〈해저 100만 리〉를 그리던 시간에도, 나는 아이들의 행동에 크게 실망을 했다. 서로의 능력을 믿지 못하는 것인지, 아이들은 암묵적으로 서로의 자리를 배분하여 그 안에다만 그림을 그렸다. 아이들에게 반강제적으로 공동 작업을 시킨 그 시간이 나에게는 물론이고 아이들에게도 즐겁지 못했다. 서로에 대한 믿음보다는 원망과 미움이 더 컸기 때문이다. 내가 아이들에게 무리한 요구를 한 것이 아닌가 하고 후회하기도 했다.

규현이는 다방면에서 능력이 뛰어난 반면, 다른 사람의 능력을 이해하고 받아들이는 데까지는 많은 시간이 걸렸다. 자신의 작품에 누가 실수라도 하면 그 순간부터 그날의 작업을 중단했고, 실수한 친구에게 원망과 질타를 퍼부었다. 자신의 실수도 웬만해서 인정하지 못하는 이 아이에게는 지극히 당연한 반응일지 모르지만, 실수를 달고 사는 대부분의 7살 아이들에게 완벽이란 오히려 무리였다. 그 때문에 공동 작업 시간이면 아이들은 물론이고 나까지도 신경을 곤두세워야 했다.

나이가 좀 더 들어 9살 반에 들어가서도 규현이는 마찬가지였다. 자신의 작품에서는 완벽을 추구하면서도 다른 친구의 것에는 무관심하고 소홀했다. 게다가 그 복잡 미묘한 '복수'를 하기 시작하면 수업은 더욱 엉망이 되었고, 그러한 상황이 거의 한 달 동안이나 이어지기도 했다.

나는 아이들의 이런 수업 태도를 그냥 방관할 수 없어 한 가지 규칙과 체계를 세웠다. 고의로 실수를 한 아이는 한 번 걸러서 입체작을 만들게 했고, 실수에 대해 반성하는 친구를 계속 원망하는 아이는 모두가 보는 앞에서 혼자 작업하게 하는 것이었다. 나의 혹독한 꾸중과 눈물겨운 싸움이 거듭되면서 아이들은 놀랍도록 성장했다.

내가 아이들의 협동심을 길러 주기 위해 시도한 것 중 하나가 입체 작업이었다. 입체 작업은 아이들에게 규모감이나 공간감을 길러 주기 위해서도 좋지만, 협동심을 키워 주기 위해서도 좋은 방법이다. 특히 규모가 큰 입체 작업을 할 때는 협동심이 필요하다는 것을 아이들 스스로 깨닫게 되었다.

하루는 로봇을 공동 작업으로 만들기로 했다. 아이들은 각자 개성 있는 작품을 만들기 위해 종이 위에 제도를 하고 설명을 써 넣었다. 그다음 제도한 것을 입체로 만드는 것이 가능한지에 대해 토론한 뒤에, 입체로 만드는 단계에 들어갔다. 여기서부터 협동심이 아주 중요하다.**30, 31**

로봇의 각 면이 맞물린 상태에서 못(핀)을 박아야 하기 때문에 서로가 판을 잡아 주지 않으면 못을 박을 수 없다. 처음에는 두 사람이 한 팀이 되어, 한 사람은 판을 잡고 한 사람은 못을 박는 작업을 했다. 다음에는 둘이 한 팀씩 두 팀으로 나누어, 한 팀은 로봇의 몸체를 만들고 또 다른 팀은 머리와 팔다리를 만들었다. 그리고 마지막에는 이것을 합쳤는데, 자신들의 몸보다 큰 로봇을 만들려 하니 여간 힘든 작업이 아니었다. 한 명은 다리를 움직이지 않도록 잡고, 한 명은 몸체를

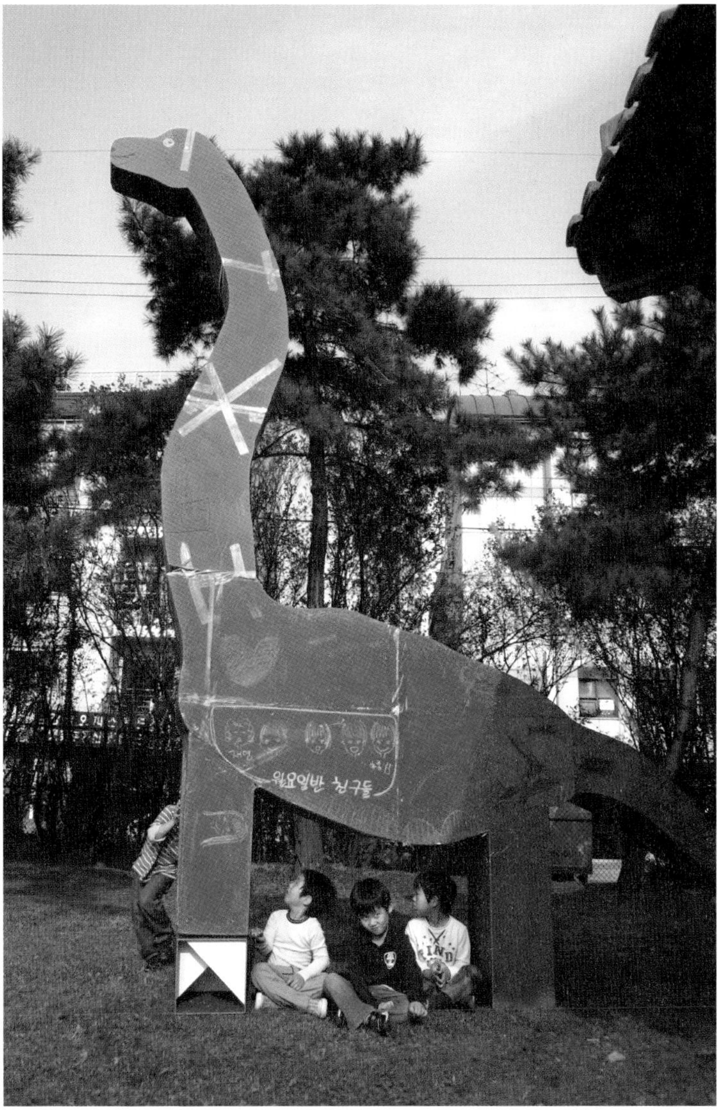

그림 30 • **공동 작품(7세), <도시에 나타난 공룡>**
머리와 몸통을 만들 때는 무엇이 될지 몰랐는데 다 만들고 나니 공룡이 되었다. "와, 이게 정말 우리가 만든 거야?" 규모가 큰 공동 작업은 아이들 스스로가 친구의 도움이 얼마나 중요한지를 깨닫는 계기를 마련해 준다. 이 사진은 합성이 아닌 실제 장면이다.

그림 31 • <도시에 나타난 공룡>의 제작 과정과 설치 장면
오른쪽 끝 사진 역시 합성이 아닌 실제 장면이다.

잡고, 또 한 명은 각 부분을 잇기 위해 못을 꽂고, 나머지 한 명은 망치로 내리쳤다. 다 연결된 작품에 물감으로 칠을 하면 완성인데, 이렇게 서로 돕지 않으면 거대한 로봇을 완성할 수 없었다.

5개월이 지나면서 아이들은 서서히 자발적으로 친구의 입체 작업에 동참하기 시작했다. 우선 그날의 대장, 즉 디자인이 선택된 아이가 친구들에게 못을 박거나 색칠하는 역할을 분담했다. 아이들은 공동으로 작업하는 것에 익숙하지 않았던 초기에는 행동은 물론이고 마음이 맞지 않아 힘들어했지만, 여러 차례 작업을 하면서 공동 작업을 위해서는 서로 이해하고 배려하는 것이 필요하다는 점을 깨닫는 듯했다.

협동심을 길러 주기 위해 힘겨운 노력을 해 왔던 나는 아이들과 함께 〈피라미드〉32를 만들면서 이러한 나의 노력이 헛되지 않았다는 것을 느꼈다. 아이들도 함께하는 작업이 얼마나 큰 기쁨을 주는지 깨닫게 되었던 것이다. 육면체의 벽돌을 쌓아서 피라미드를 만들기로 했는데, 첫째 날에 아이들은 피라미드의 입체적인 사각뿔 형태를 이해하지 못해 평면적인 삼각형 탑을 쌓았다. 자기들이 보아도 피라미드 같지 않았던지, 둘째 날에는 한준이가 피라미드의 밑면은 사각형이며 옆면인 삼각형들의 꼭짓점이 서로 붙어 있다는 사실을 자세히 설명했다. 모두 한준이의 설명에 따라 벽돌을 쌓기 시작했다.

비스듬히 모양을 만들려면 벽돌을 기울여야 하는데, 그것이 쉽지 않았던 모양이다. 아이들이 그 문제를 해결하고자 내놓은 첫 번째 제안은 아직 마르지 않은 찰흙을 접착제처럼 사용해 보자는 것이었는데 꽤 일리가 있어 보였다. 그러나 찰흙이 제 역할을 하지 못했다. 이번에

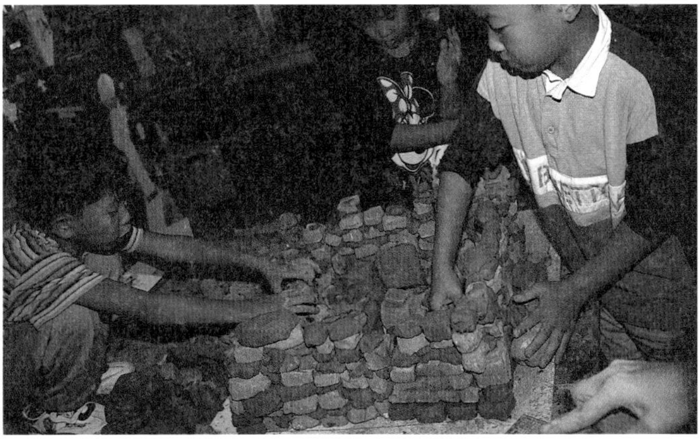

그림 32 • 김세준 외 3명(8, 9세), <피라미드> 제작 장면
아이들이 내놓은 안건 중 좋은 방법을 채택해 찰흙으로 피라미드를 만들고 있다. 아이들은 이미 마른 찰흙과 아직 마르지 않은 찰흙을 교대로 쌓아야 무너지지 않는다는 사실을 발견했다. 두 종류의 찰흙 색이 다름을 확인할 수 있다.

는 세준이가 찰흙 덩어리 하나하나에 이쑤시개를 꽂아 연결해 보자는 제안을 들고 나왔다. 더 합당한 의견 같았지만, 이미 찰흙 벽돌이 굳어 있는 상태라 이쑤시개를 꽂는 게 가능하지 않다는 결론을 정민이가 내놓았다.

아이들은 결국 실패 위험이 있지만 한 번의 실패를 거울삼아 처음에 했던 접착제를 이용하는 방법을 채택해 조심스럽게 다시 쌓아 보기로 했다. 중간쯤 쌓자 한 면이 휘청거리는 것을 알아차린 세준이가 그 면을 손으로 받쳤다. 세준이가 손으로 받치고 있는 동안에 나머지 아이들은 보수를 하려고 했지만 잘 되지 않았다. 세준이는 다른 면이 휘청거리는 면을 지탱해 줄 수 있을 때까지 계속 받치고 있기로 했다. 다른 면들이 무너져 실패했지만, 한쪽 면을 책임졌던 세준이는 손을 떼지 못하고 이렇게 외쳤다. "선생님, 제 몸에 찰흙을 칠해 주세요. 저도 찰흙이 되는 수밖에 없겠어요." 우리는 이 아이의 행동에 한바탕 웃으며 다음 시간까지 피라미드의 원리에 대해 좀 더 공부를 하고 다시 시도해 보기로 했다.

다음 시간에 아이들은 각자 공부한 피라미드의 지식을 이용해 피라미드를 세우는 데 결국 성공했다. 아이들은 여러 가지 지식을 활용해 실천에 옮겼다. 벽돌들을 똑같은 크기로 만들기 위한 틀이 필요했고, 찰흙으로 이루어진 내부 공간에 비밀 통로를 내야 했다. 벽돌로 쌓은 바깥 부분에는 진짜 피라미드같이 회벽 칠까지 했다.

여러 번의 실수를 통해 아이들은 많은 것을 배우게 되었다. 우선 몇 번씩이나 실수가 거듭되었지만 결국 성공함으로써 '하면 된다'는 자신감을 얻게 되었다. 또 함께 머리를 맞대고 연구하고 토론하는 것이 얼마나 효율적이고 즐거운 일인가를 알게 되었다. 더 좋은 방법을 찾기 위해 각자의 머릿속에 있는 서로 다른 안건을 내놓는 모습은 참으로 아름다웠다. 우리는 그 덕분에 피라미드 원리도 충실히 공부했다. 아이들이 가져온 책을 통해 나는 피라미드에 대해 쓴 책이 그렇게 많은지 처음 알았다.

그 뒤로 아이들은 남의 것도 내 것처럼 소중히 여기고 서로를 존중해 주었다. 서로의 눈빛만으로도 친구의 뜻을 전달받는지, 은성이가 핀을 꽂아 놓으면 규현이가 아무 말 없이 고정시켰다. 경호는 규현이의 로봇에 색을 잘못 칠하고는 놀라서 눈을 동그랗게 뜨고 있었는데, 뜻밖에 규현이가 "괜찮아. 다음부턴 조심해!" 하고 제법 의젓하게 말했고, 은성이는 경호가 잘못 칠한 색을 조용히 보수해 주기도 했다.

단지 이 사례만이 아니다. 나는 5살 반 아이들이 해낸 협동 작업**33**에서 이 어린아이들의 성숙한 능률성에 깜짝 놀란 적이 있었다. 여자

그림 33 • **이현경 외 6명(5세), <공주의 성>, 폼 보드에 핀과 수채, 100×70×30cm**
5세 아이들이 보여 준 성숙한 협동 정신이 아름다운 성을 탄생시켰다.

아이들은 성에 살고 있는 공주와 왕자를 만들어 보겠다고 했다. 나는 내심 서로 공주만 그리겠다고 하면 어떻게 하나 걱정이 되었다. 그러나 나의 예상은 보기 좋게 빗나갔다. "우리 신데렐라를 만들고 연극을 하자" 하고 현경이가 제안을 하자 "공주는 현경이가 제일 잘 그리니까 현경이가 만들어" 하고 기특하게도 혜원이가 말했다. 그다음에 이어지는 하빈이의 말은 나를 더욱 흐뭇하게 했다.

"난 귀신 그리는 데 자신 있으니까 귀신을 맡을게."

여러 명의 신하를 그릴 때도 일을 서로 분담했다. 드로잉은 혜원

그림 34 • **장경호(7세), <로봇>, 폼 보드에 핀과 수채, 160×90×50cm**
경호의 커다란 로봇은 규현이와 은성이의 협동 작업으로 완성되었다. 경호가 그린 칼과 방패를 규현이가 능숙하게 만들어 주었고, 은성이는 멋지게 색칠해 주었다.

이가, 색을 입히는 것은 지원이가, 가위질은 현경이가, 풀칠은 하빈이가 맡으면서 능률적으로 협동 작업을 했다. 멋지게 연극까지 해서 얼떨결에 나는 관객 역할을 맡았다.

경호의 로봇을 만들던 날에도 아이들 사이에 쌓인 신뢰감을 확인할 수 있었다. 칼질에 자신이 없는 경호는 로봇의 칼과 방패를 종이에 그린 뒤에 규현이에게 다음 작업을 부탁했고, 경험이 많은 규현이는 칼과 방패를 오려 내어 입체적으로 만들었다. 은성이는 색칠하는 것을 맡았는데 은성이 역시 로봇의 기능에 맞게 강한 색을 칠해 멋진 〈로봇〉[34]을 완성하는 데 일조했다. 협동 작업이야말로 능률적이라는 사실을 깨닫게 된 것이다. 이제 아이들은 입체 작업뿐 아니라 평면 작업도 같이하기를 좋아한다.

01 아이들의 지식은 곧 표현 동기가 된다

02 머리를 쓰던 아이는 머리를 써야 직성이 풀린다

03 아이들과 화가는 닮은 꼴이다

04 산골짜기 아이와 도시 아이가 그린 포도 색이 다른 이유는?

05 색을 많이 다루어 본 아이가 색감도 풍부하다

06 큰 종이를 주면 크게 그린다

07 똑같은 종이 안에서도 축구장의 넓이가 달라진다

08 오리기와 붙이기가 융통성을 키운다

09 우리도 영화감독이 될 수 있어요

10 창의적인 아이는 문제 해결 능력이 뛰어나다

chapter

02

창의력 키우기

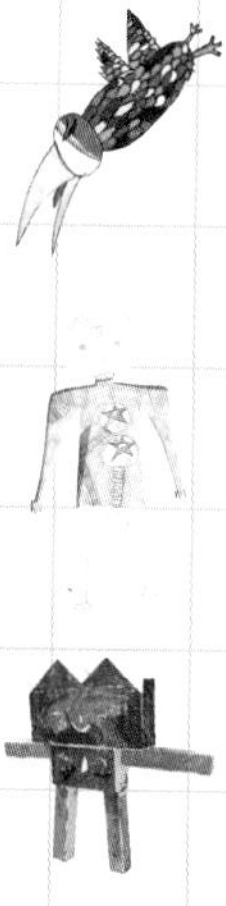

01

아이들의 지식은 곧 표현 동기가 된다

여러 아이들을 만나 가르치다 보니 도리어 많은 것을 배우게 된다. 그 중에서 가장 피부에 와 닿는 말은 같은 아이는 없다는 것이다. 아이들은 다양한 성격만큼 표현도 다양한데, 그렇다면 아이들이 표현하고자 하는 것은 무엇이며 그 동기는 어떤 것일까?

아이들은 보는 것을 그대로 흡수하고 그것을 표현한다. 6살쯤 되면 고정된 형태나 색으로 표현하는데, 한 예로 우리나라 아이들은 눈사람을 두 개의 원으로 그리는 반면, 미국 아이들은 세 개의 원을 쌓아서 표현한다. 이것은 그렇게 보아 왔기 때문에 그렇게 그리는 것이다. 본 것을 그대로 표현하는 아이들에게 문화의 영향이 얼마나 큰지를 말해 주는 대목이기도 하다.

보통 아이들은 나무를 표현할 때 나무 기둥과 나뭇잎만 도식화해 그리거나, 사과나무일 경우 나뭇잎 사이에 사과 몇 개를 그려 넣고는 한다. 그러나 은성이는 나무 기둥과 나뭇잎은 물론 땅속으로 연결된 뿌리를 그리고, 다시 그 사이사이에 두더지나 개미를 그려 넣었다. 나뭇잎에도 잎맥을 그리고 그 위에 그것을 갉아 먹는 벌레까지 묘사했다. 이렇게 남과 다른 표현을 가리켜 창의적인 표현이라고 할 수도 있지만, 이러한 능력은 지식과도 연관이 깊다. 일단 땅속에는 나무 기둥과 연결된 뿌리가 있다는 사실을 알아야 할 것이고, 땅속에는 두더지나 개미가 산다는 지식을 가져야 표현을 할 수 있다.

남보다 복잡하고 뛰어난 모양을 디자인하는 한준이의 〈컴퓨터 로봇〉35을 보고 있노라면 한준이의 디자인 실력이 타고난 것만은 아니라는 생각이 든다. 다른 아이들은 만화 속에서 보았던 로봇의 겉모습을 피상적으로 베끼는 데 반해, 한준이는 어설프게나마 컴퓨터에 의해 움직이는 기능 하나하나를 생각하고 그렸다. 머릿속에 복잡하게 얽혀 있는 로봇의 기능들을 다 옮겨 그려야 하니 그림도 복

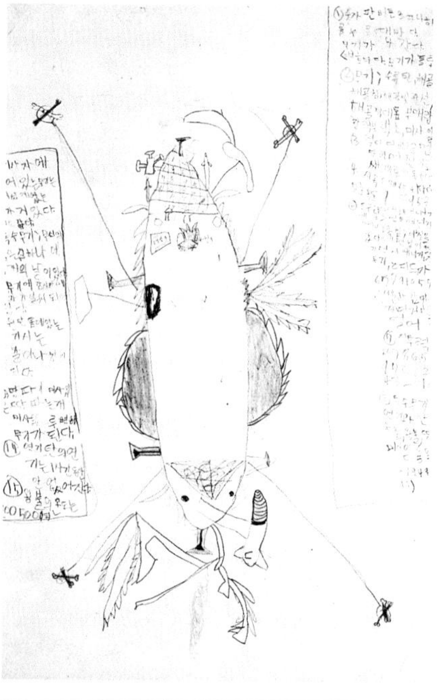

그림 35 • **이한준(8세), <컴퓨터 로봇>, 종이에 연필, 54×30cm**
아이들은 알고 있는 대로 그린다. 한준이가 그린 로봇을 보면 기능이 복잡하다. 피상적인 로봇이 아닌 한준이가 알고 있는 지식이 반영된 로봇인 것이다.

잡해질 수밖에 없다. 한준이의 로봇이 가진 복잡한 기능들은 이 아이가 알고 있는 컴퓨터의 기능에서 비롯된 것이 아닌가 싶다. 한준이는 컴퓨터에 대한 관심이나 지식이 남다르기 때문에 컴퓨터에서 많은 지식을 빌려 왔을 가능성이 높다.

한번은 우주 전쟁을 합동으로 그리던 7살 반 아이들 3명이 한 아이의 어설픈 지식 때문에 더 이상 작업을 할 수 없다고 투덜거린 적이 있다. 경호가 갑자기 우주선들로 가득한 우주 한복판에 블랙홀이 있다며 큰 원을 그리고 검게 색칠하기 시작했던 것이다. 그때부터 싸움 같은 열띤 토론(?)이 이어졌다. 자존심이 유난히 강한 규현이가 자신도 모르는 그 '블랙홀'이라는 것을 경호가 알고 있다는 사실을 용납할 수 없었는지, 블랙홀이 무엇이냐며 파고들기 시작했다. 블랙홀에 대해 정확하게 알지는 못했던 경호는 화가 났고 결국 내가 블랙홀에 관한 과학책을 읽어 줌으로써 그날의 사건은 해결되었다. 때마침 작업실에 블랙홀에 관한 책이 있었기에 망정이지, 하마터면 블랙홀에 대한 아이들의 논쟁은 미궁 속에 빠질 뻔했다. 이 일은 경호만이 블랙홀을 알고 있었기 때문에 일어난 일이었다.

이처럼 그림은 지식과 깊은 연관이 있다. 나는 아이들이 얼마나 아는지, 그리고 얼마나 상상력이 풍부한지 알아보기 위해 각자 어떤 사물의 내부를 그려 보도록 했다. 여러 장에 똑같은 대상을 그리고 각 장마다 한 부분을 오려 내어 뒷장에 그 내부를 그리는 식이었다. 먼저 9살 아이들의 그림을 설명해 보겠다. 한창 잠수함에 관심이 많던 정민이는 첫 장에 잠수함 겉모습을 그렸고, 잠수함 앞부분의 내부를 표현한 두 번째 장에는 엔진과 동력 장치 같은 것을 그렸다. 잠수함 뒷부분의 내부를 표현한 세 번째 장에는 미사일을 가득 그려 넣어 전쟁을 치르고 있는 잠수함임을 암시했다.

로켓에 관심이 많던 한준이는 두 번째 장에는 역시 엔진을 그렸고, 그다음 장에는 기어 박스, 배터리, 공기 필터 등을 표현해 전문 지식으로 무장한 실력을 보여 주었다. 이런 면에서 아이들이 알고 있는 지식은 그대로 표현 동기가 된다고 할 수 있다. 10살이 되었어도 로켓의 내부를 모르는 아이는 분명 이런 그림을 그릴 수 없을 것이다.

이번에는 7 · 8살 아이들의 그림을 보자. 규현이는 로봇의 몸에 전기가 흐르는 것을 표현하기 위해 팔의 내부에다 몸 전체에 전기를 보내기 위한 전선을 그려 넣었다. 다리의 내부에는 뜻밖에도 바람을 표현했고, 로봇이 걸치고 있는 망토에는 가시와 부메랑을 주렁주렁 그려 넣었다. 또 머릿속에는 복잡하게 얽혀 있는 컴퓨터 칩을 표현해 놓았다.

재현이가 그린 〈우주인〉36의 내부 또한 상당히 재미있다. 첫 장을 보면 이상하게 생긴 조그마한 우주인이 그려져 있는데, 다음 장의 몸 내부에는 3층짜리 층계가 설치

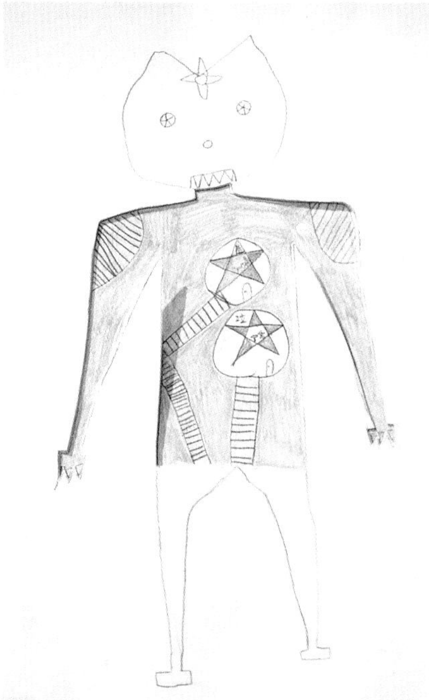

그림 36 • **조재현(8세), <우주인>, 종이에 연필과 색연필, 54×30cm**
첫 번째 장과 두 번째 장을 겹쳐서 촬영했다. 첫 번째 장의 뚫린 구멍으로 두 번째 장에 그려진 몸 내부가 보인다.

되어 있는 등 어마어마한 공간이 담겨 있다. 오른쪽에는 원 안에 별 모양이 들어 있는, 우주인다운 심장이 두 개나 있으며, 음침할 것 같은 내부는 연한 파스텔 색조로 칠해져 상냥하고 거대한 우주인을 연상시켰다. 7 · 8살의 표현 내용은 9살에 비해 전문 지식이 적은 대신 상상의 폭이 넓었다.

5살 아이들의 경우를 보자. 하빈이가 그린 그림에는 눈, 코, 입이 있는 너도밤나무와, 공주가 된 요정 무모아티아가 등장한다. 밍크라는 동물은 사람처럼 옷을 입고 있으며, 우락부락한 염소 삼형제도 가끔 나와 괴물과 싸운다. 나는 하빈이의 그림에서 요즘 하빈이가 읽고 있는 책을 대충 추측할 수 있었다. 구체적인 지식이 들어가기 힘든 5살의 머릿속에는 이처럼 중요하고 아름다운 상상의 세계가 들어 있었다.

이런 경우도 있다. 〈정글 북〉이란 뮤지컬을 보고 온 혜원이의 그림 속에는 한동안 무대가 그려졌다. 〈백설공주〉라는 아이스 댄싱을 보고 온 현경이의 그림에 등장하는 공주들은 모두 스케이트를 신고 있었고, 주위에서 구경하는 관중이 꼭 함께 그려져 있었다. 아이들은 책이나 영화, 연극, 여행과 같은 다양한 경험을 그대로 그림 속에 표현한다는 사실을 보여 주는 예들이다. 구경하는 관객이나 무대까지 표현 대상으로 깊게 자리 잡은 것을 보면, 아이들의 마음에 담길 경험의 선택에 한층 신중해야 함을 알 수 있다.

느낀 만큼 표현하는 아이들에게 미술관 감상은 아주 좋은 기회가 된다. 한층 더 원숙한 감각을 가진 화가들의 신비롭고 엉뚱한 표현들은 평범한 현실에서 얻어 낼 수 없는 신기한 세계를 느끼게 해 준다. 용석이는 광주 비엔날레에 갔다가 천장에 여러 개의 자전거 바퀴가 달린 것을 보고 너무 놀란 적이 있었다. 아직 표현하는 단계가 아니어

그림 37 • **천혜원(5세), <피노키오와 천사>, 종이에 색연필, 30×54cm**
천사가 나타나서 움직이지 못하는 목각 피노키오를 움직이는 피노키오로 만드는 순간이라고 한다. 이처럼 책을 읽고 난 후 그 느낌을 표현해 보는 것도 아이의 상상력을 키우기 위한 좋은 방법이다. 오른쪽에 피노키오가 있고 가운데에 주인공인 천사가 있는데, 이 아이는 평소에 공주에 대한 관심이 많다 보니 천사를 주인공으로 삼았다.

서 어떤 생각이 그 조그마한 머릿속에 들어 있는지 알 수는 없었지만, 용석이는 광주를 다녀온 뒤부터 가끔 세발자전거를 거꾸로 놓고 바퀴를 돌려 보고는 했다. 또 바스키아 전시회를 보고 온 규현이가 나에게 심각하게 질문을 해 왔다. 샌드백이나 헬멧에 그림을 그려도 괜찮으냐고. 이처럼 전시회는 아이들을 한정된 시야에서 벗어나게 해 주기도 한다.

결국 풍부한 상상력과 많은 지식, 다양한 경험은 좋은 그림을 만들 수 있는 기본 전제다. 만일 아는 것과 느끼는 것이 많은데 잘 표현하지 못한다면, 그리는 능력이 부족하기 때문이다. 그리는 능력이 없는 아이는 아는 만큼, 느끼는 만큼 표현을 할 수 없다. 그래서 아는 것과 함께 병행해야 하는 것이 자세히 관찰하여 그리는 실습이다. 사실 어릴 적부터 표현하는 습관을 들인 아이는 큰 문제가 되지 않는다. 알고 느끼는 것을 계속 표현해 왔기 때문에 별다른 방법을 가르칠 필요는 없지만, 사물을 자세히 관찰하는 습관을 갖게 하는 것은 중요하다.

표현하는 데 별문제가 없었던 혜원이지만 나는 가끔 약간의 욕심을 내어 혜원이에게 요구하는 것이 있었다. 한 달에 한 번 정도 보고 그리기를 시키는 것이다. 혜원이는 한때 계속 공주만 그렸는데, 나는 공주를 그리기 전에 사람 모습을 자세히 관찰하라고 주문했다. 엄마 얼굴을 자세히 들여다보고 관찰하라고 하면, 혜원이는 열심히 관찰하고 자기 나름대로 느낀 형태를 말했다. 눈은 옆으로 긴 타원형으로 이루어졌으며, 윗입술은 산같이 두 개가 볼록볼록하다고 했다. 콧구멍은 양쪽으로 두 개가 있고 속눈썹과 겉눈썹이 따로 있다는 것도 알았다고 했다. 이런 관찰 과정을 거쳐 그린 사람 형체에 왕관과 드레스를 입혔다. 『요린데와 요링겔』이란 책을 본 혜원이가 마법에 걸려 나이팅게일이란 새로 변한 공주를 재미있게 그렸는데, 그 새의 얼굴은 전날 내 얼굴을 보고 연습했던 모습이었다.

아이들은 보고 그리기 시간에 얻은 지식을 토대로 다양한 변형 로봇도 만들어 냈다. 호랑이 변형 로봇을 만들고 싶어도 호랑이 모양을 그릴 수 없는 아이는 기발한 아이디어를 포기해야 할지 모른다. 사진이나 세세히 그려져 있는 그림, 또는 실물을 자세히 관찰하는 태도는 그림뿐 아니라 다른 학습에도 도움이 될 것이다.

아이들이야말로 아는 만큼 표현한다. 아는 것이 많은 아이는 그것에 비례하여 복잡하게 표현하며, 지식이 적은 아이는 복잡하게 그리

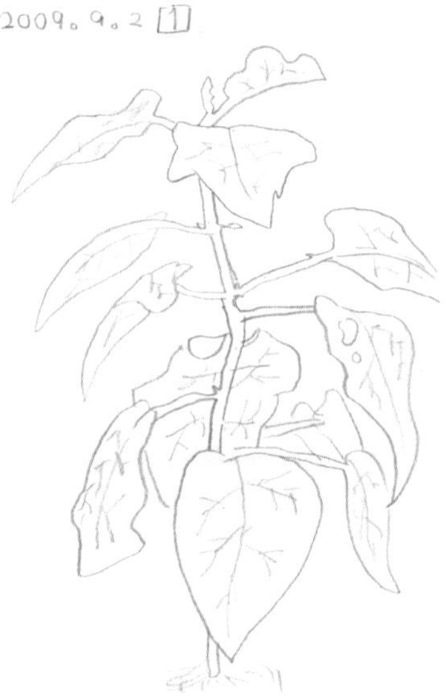

그림 38 • **(좌)실제 식물을 보고 그림을 그리고 있는 아이**

그림 39 • **(우)이다현(9세), <식물 묘사>**
사진이나 실제 사물을 관찰하여 그리는 것은 묘사력을 길러 주기 위해 필요한 과정이다.

려고 해도 그릴 수 없다. 많이 보여 주고, 많이 읽어 주고, 많이 경험하도록 하는 것은 미술 교육에 있어서도 가장 중요한 요건이다.

02

머리를 쓰던 아이는 머리를 써야 직성이 풀린다

한준이가 들어온 지 두 달쯤 뒤에 나는 이 아이의 어머니를 만날 수 있었다. 당시 교수였던 한준이 어머니는 여름방학이 되어서야 비로소 시간이 났던 모양이다. 유난히 유머가 풍부한 한준이 어머니는 "아니, 수업 때 벌이라도 줘요? 애가 여기만 갔다 오면 피곤해서 잠자느라 정신을 못 차려요. 그 힘든 축구를 해도 그런 적이 없었는데……"라며 피식 웃었다. 그렇게 힘들면 다음부터 가지 말라는 엄마의 말에 한준이는 절대 안 된다고 했다는 것이다. 그때까지 전혀 눈치를 못 채고 있었던 나는 뜻밖이었다. 잠시 후 한준이가 왜 그렇게 피곤해하는지 어렴풋이 알 수 있었다.

우리나라 아이들 대부분이 그렇듯이 평소에 머리 쓸 일이 없던 아이가 로봇을 만든다고 갑자기 머리를 많이 쓰니까 힘들었던 것이다. 정신적인 노동이 육체적인 노동보다 훨씬 힘들다는 말처럼, 아이들에게는 로봇을 제도하느라 머리를 쓰는 것이 축구공 차는 것보다 더 힘들었던 모양이다. 한준이같이 대충이란 것을 모르는 아이는 작품 하나를 만들기 위해 온 신경과 지식을 쏟아붓는 데다, 머리 쓸 일이 끝났다 싶으면 진짜 로봇을 만들기 위해 반복적으로 핀을 박는 행위와 색칠하는 노동이 이어졌으니, 아이가 얼마나 힘들었을지는 가히 짐작이 갔다. 그야말로 중노동이었을 것이다.

이제 아이들을 좀 풀어 주어야겠다 싶어 빈 공간에 기능을 쓰는 것도 가끔 생략하고 한 주에 완성하던 입체작도 두 주로 늘려 보았지만, 아이들이 오히려 이를 거부했다. 처음보다 작업하는 양이 배로 늘었지만, 아이들은 이제 익숙해져서 힘들어하지 않는다. 결국 재미와 함께 조금씩 늘렸던 작업량이 아이들의 지구력을 향상시키는 요인이 되었고, 처음에는 버거워하던 작업량도 한 번 습관을 들여 놓자 거뜬히 해낼 수 있게 된 것이다.

IQ 검사 중 많은 부분을 차지하는 것이 '공간 지각력'이다. 평면에 그려진 입체 그림을 보고 안 보이는 부분을 추리해서 해결해야 하는데, 머리를 많이 써야만 풀 수 있는 고난도의 문제다. 아이들에게 아무리 설명을 잘한다고 해도 공간 지각력이란 하루아침에 발달하는 것이 아니다. 아이들이 평면으로 그린 그림을 직접 3차원으로 만들어 보아야 서서히 그 능력이 생기는 것이다.

아이들은 자신이 그린 로봇이 입체로 만들어져 세워지는 것을 보고 상당한 신비감을 느끼기도 한다. 처음에는 자신이 그린 로봇을 제도하면서 많은 어려움을 겪기도 하지만, 제도한 대로 로봇이 완성되는 과정을 보면 보람을 느끼는 것 같다. 어렵고 힘들어하면서도 포기

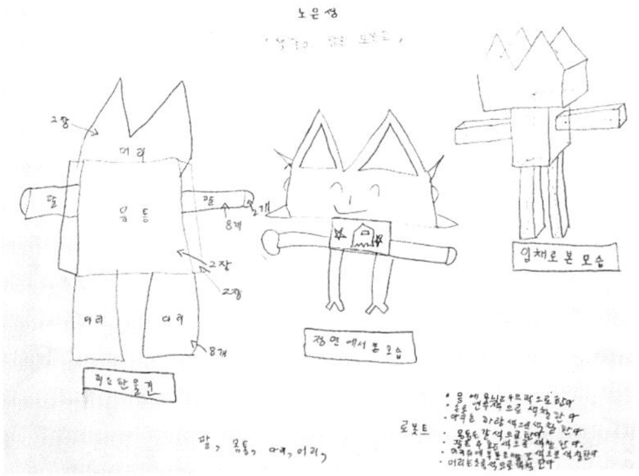

그림 40 • **노은성(7세), <생각이 많은 로봇>의 투시도와 평면도**

그림 41 • **노은성 외 3명 (7세), <생각이 많은 로봇>, 폼 보드에 핀과 수채, 90×90×20cm**
아이들이 공간감을 익힐 수 있도록 우선 평면에 도면을 그리고 그것을 다시 3차원으로 만들도록 했다.

하는 아이가 아직 없는 것을 보면 알 수 있다.

한번은 아이들이 공간을 얼마나 알고 느끼고 있는지를 알아보기 위해서 폼 보드와 칼, 자, 연필, 물감을 주고 '로켓'을 자유롭게 만들어 보도록 했다. 처음 내 의도와 상당한 차이가 있었지만, 아이들은 각각 창의적인 작품을 만들어 냈다. 평면을 자르고 이어서 만든 3차원의 로켓을 기대했던 나는 이 또한 얼마나 고정되고 어리석은 생각인지 반성하게 되었다.

한준이가 만든 〈로켓〉**42**을 보면 3차원도 아니고 그렇다고 2차원도 아닌 모양새가 꽤 우습다. 그럼에도 불구하고 앞쪽에 입체로 붙인 날개들이 윗부분에 그린 뒷날개와 서로 대칭을 이룬다. 세준이와 정민이가 덩어리도, 그렇다고 평면도 아닌 로켓을 열심히 만드는 것을 옆에서 보던 한준이가 구상에만 1시간가량을 소비한 뒤에 내놓은 작

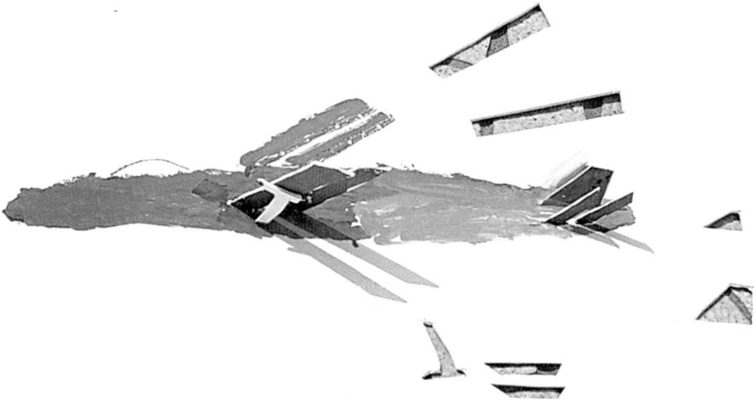

그림 42 • **이한준(8세), <로켓>, 폼 보드에 핀과 수채, 15×90×60cm**
구상하는 데 1시간가량을 소비해서 만든 이 작품은 공간 지각력이 좀 떨어지기는 해도 3차원도 아니고 그렇다고 2차원도 아닌 모양새를 가져 꽤 재미있다.

품이다. 이 같은 작품은 공간 지각력이 좀 떨어져도 누구도 흉내 낼 수 없는 창작물이기 때문에, 나는 많은 칭찬을 해 주었다.

항상 엉뚱한 것을 내놓아야만 직성이 풀리는 세준이는 또 한 번 나를 놀라게 했다. 새로운 것을 개발하고자 머리를 쓰던 습관의 결과였다. 계속 반복되는 로켓만으로는 만족할 수 없었는지, 하루는 미니 선풍기 4대를 가지고 왔다. 선풍기를 모형 로켓에 붙여 바람을 이용한 '움직이는 로켓'을 만들어 보겠다고 했다. 다른 아이들은 재미있는 아이디어라고 생각했는지, 세준이가 만드는 것을 도왔고 결과는 성공적이었다. 로켓이 움직이는 것을 보며 아이들이 모두 환호하자 세준이는 뿌듯해했다. 그리고 그 순간부터 아이들의 작업은 움직이는 입체로 한 단계 올라설 수 있었다.

다음 단계로 세준이가 하고자 하는 계획은 스프링을 이용해서 공중으로 오를 수 있는 로켓이라고 했다. 밤낮을 가리지 않고 그것만을 연구한다고 세준이 어머니는 걱정했다. 하지만 나는 세준이가 정말로 대견했다. 그리고 많은 칭찬을 준비하며 성공하는 그날만을 기다렸다. 두 달간의 준비 기간을 거친 세준이가 실행한 '스프링을 이용한 로켓'은 결국 성공하지 못했다. 하지만 세준이는 포기하지 않고 인터넷 조사를 통해 페트병을 이용한 물 로켓을 만들기로 했다. 그리고 완성했다. 하늘로 치솟는 물 로켓은 세준이의 자신감만큼 높이 올랐다. 세준이는 환호성을 질렀고 친구들은 박수갈채를 보냈다. 그때부터 우리 작업실은 1년에 한 번씩 물 로켓 만들기를 했고, 이 작업은 지금은 대부분의 초등학교에서 과학 발명의 달에 행해지고 있다.

또 하루는 모든 아이들이 좋아하는 놀이판을 만드는 수업을 했다. 나는 아이들에게 항상 하던 대로 제안만 했다.

"선생님이 깜짝 놀랄 놀이판이어야 돼. 지금까지 했던 것과 같으면 선생님은 실망한다. 선생님이 쓰러질 정도로 기발해야 돼."

이 말이 떨어지기가 무섭게 아이들의 두 눈이 반짝반짝 빛나기 시작했다. 얼핏 들어 보니 선생님이 입체를 좋아하니 입체로 만들어 보자는 의견이 오가는 것 같았다.

언제부터인지 내 작업실에서는 이상한 일이 유행하기 시작했다. 5~7살 아이들에게서 주로 일어나는 현상인데, 나에게 잠시만 방에서 나가 있으라는 요구를 했다. 아이들이 작업하는 방에서 내가 순순히 나가면 아이들끼리 혹시 말이 샐까 봐 속닥속닥하면서 작업을 시작했다. 그날도 이렇게 시작된 아이들의 요구에 나는 한참 동안 쉴 수 있었다. 아이들은 속닥속닥에 이어 뚝딱뚝딱 무엇인가를 만드는 듯싶었다.

엄마들과 한 시간쯤 잡담하고 작업실에 들어갔을 때 정말 뒤로 쓰러지는 줄 알았다. 〈입체 놀이판〉[43]이 근사하게 세워져 있었는데, 복잡한 여러 겹의 고속도로를 연상시켰다. 놀이를 하느라 많이 망가져 있었지만, 아이디어만큼은 박수갈채가 아깝지 않을 만큼 재미있었다. 자신들이 직접 만든 놀이판이라 그런지, 규현이와 은성이는 졌을 때 눈물까지 흘리며 놀이에 열중했다.

머리를 쓰면서 살아가는 아이들은 사소한 일에도 머리를 써야 직성이 풀린다. 반면 머리를 안 쓰던 아이는 점점 더 머리를 안 쓰려고 하고 따라서 머리가 더욱 나빠지는 결과를 낳는다. 내가 아이들을 보면서 심각한 문제라고 생각한 것은 대부분이 머리를 쓰기 싫어한다는 것이었다.

머리를 쓰느라 그렇게 힘들어하던 한준이가 이제는 몇 배나 더

그림 43 • 조규현 외 3명(7, 8세), <입체 놀이판>, 폼 보드에 수채·크레파스·핀, 60×90×60cm

머리를 쓰는데도 거뜬히 축구장으로 향할 수 있는 이유는 바로 습관에 있었다. 계속 새롭고 재미있는 것을 추구하는 아이는 반복되는 것을 좋아하지 않는다. 단순하게는 낙서를 하면서도 새로운 것을 개발하려고 한다. 하지만 그냥 그렇게 살아가는 아이는 획기적인 것을 제안받아도 그런가 보다 하며 무신경해진다. 오히려 반복되는 연습에 안심하게 된다. 결국 창의적인 사고 또한 습관에서 비롯된다. 어떤 면에서든 습관이란 정말 무서운 힘을 발휘한다.

아이들에게 좋은 습관을 들여야 한다는 것은 현명한 부모라면 누구나 알 것이다. '습관' 하면 아마 열에 아홉 정도는 규칙적인 생활을 떠올릴 것이다. 그만큼 우리 세대는 규칙적인 생활 습관에 차분히 길들어 있다. 그러나 규칙적인 습관보다 더 절실한 것은 머리를 쓰면서 생활하는 습관, 무엇인가 창조적인 것을 만들고자 하는 습관, 바로 이

그림 44 • **김정민 외 3명(9세), <사이보그 로봇>, 폼 보드에 핀과 수채, 100×300×100cm**
정민이가 디자인한 사이보그 로봇은 땅굴 파는 능력, 바닷속까지 갈 수 있는 잠수 기능을 가지고 있다. 머리 쓰는 습관을 들인 아이는 사소한 일에도 머리를 쓴다.

것이다.

나는 아이들이 머리를 많이 쓰는 습관을 가지도록 가르치고 있다. 2시간 동안 새로운 것을 해야 하는 과정이 그리 쉽지는 않겠지만, 아이들이 무엇인가를 하기 위해 힘들게 머리 쓰는 모습을 보면 뿌듯하다. 시시하더라도 새로운 것이면 나는 많은 칭찬을 한다. 그 대신 능숙하게 잘 그렸더라도 기존에 있던 것이나 반복되는 아이디어일 경우는 칭찬을 아낀다. 새로운 생각을 하는 습관만이 아이들의 창의력을 키울 수 있다는 기본적인 생각 때문이다. 어릴 적부터 이렇게 길이 든 아이들은 끊임없이 머리를 쓰면서 계발하려 든다. 이런 아이들이 만드는 세상은 아마도 창조적인 일들로 가득하게 될 것이다.

03

아이들과 화가는 닮은 꼴이다

할머니를 항상 공항에서 배웅했던 소년은 할머니가 탄 비행기가 하늘 높이 날아갈수록 점점 작아지는 것을 보고 언제나 신기해했다. 마침내 그 소년에게도 직접 비행기를 타 볼 기회가 생겼다. 자신이 탄 비행기가 활주로를 질주하기 시작하자 어린 소년은 옆에 앉은 친구에게 약간은 불안한 듯 이렇게 물었다고 한다.

"우리는 언제부터 작아지기 시작할까?"

할머니가 탄 비행기가 사라지는 모습을 보면서 미지의 세계로 가고 있다고 생각했던 그 아이는 자신도 점점 작아져 미지의 세계로 향하는 모습을 상상했던 것이다. 소년의 엉뚱하고 순수한 동경심처럼, 어른들이 만든 많은 공상 과학 영화들도 아이와 같은 상상력에서 출발했을 것이다.

조각가 브랑쿠시Constantin Brancusi가 "사람이 동심을 잃어버렸을 때는 죽은 것과 다름없다"고 한 말은 화가란 어린아이처럼 순수한 눈과 마음을 가져야 한다는 것을 뜻한다. 이 말을 다시 한 번 돌려서 생각해 보면, 어린이의 눈과 마음이야말로 예술적 가치를 무한히 창조해 낼 수 있는 원천이라는 의미가 된다. 그렇다면 순진한 아이들이 만들어 내는 작품들과 유명한 화가들의 그것은 무슨 차이가 있을까?

〈카베사Cabeza〉**45**는 장미셸 바스키아Jean-Michel Basquiat라는 천재 화가가 그린 작품이다. 만약 이 그림 밑에 화가의 서명 대신 7살짜리 성원이의 서명이 있더라도 의심하는 독자(이 작품을 모른다고 가정하면)는 거의 없을 것이다. 그만큼 이 그림은 화가가 그렸다고 믿기 어려울 정도로 천진난만하다. 사실 화가의 의도에서 보면 대단한 작품임이 틀림없지만 말이다.

그림 45 • **장미셸 바스키아, <카베사>, 1982년, 캔버스에 아크릴 물감과 유성 크레용, 169.5×152.4cm, 개인 소장**

그렇다면 어른의 눈이 아닌 아이들의 눈에 비친 이 작품은 어떤 평가를 받을까? 현정이는 "나보다 잘 그린 데가 없어요"라고 말했고, 규현이는 "내가 화가가 되면 세계적인 화가가 아닌 우주적인 화가가 될 거예요"라고 했다. 규현이의 말을 듣고 보니 바스키아가 작품성 말고도 천재 화가로 칭송되는 또 다른 이유는 규현이 같은 어린아이들에게도 자신감을 심어 주고 우주적인 화가가 되겠다는 포부를 갖게 한 점에 있지 않나 싶었다.

바스키아 그림에서와 반대로, 규현이가 그린 〈말〉**46**의 아래에 만약 '피카소 1960' 하고 서명을 써 넣는다면 엄마들은 물론이고 미술을 전공했다는 사람들도 "그림은 역시 피카소야. 특징을 잘 살린 저 선 좀 봐. 대단해" 하며 고개를 끄덕거릴 것이다. 그들은 이 작품을 어쩌면 피카소의 잘 알려지지 않은 초기 작품쯤으로 생각할지 모른다.

피카소의 〈황소 머리Tête de taureau〉**47**는 자전거의 핸들과 안장을 결합해서 만든 유명한 조각품인데, 이 작품은 일상적인 사물도 보는 시각에 따라 작품이 될 수 있다는 점을 인식시켜 주었다. 어른들은 피카소의 명성을 의식하듯이 이것이 놀랍고 신비스러운 작품이라고 생각하지만, 아이들 역시 연상 작용을 통해 이에 못지않은 작품을 만들어 낸다는 생각은 하지 못한다.

아이들은 어린 나이에도 어떤 모양을 만들려고 한다. 3살쯤이면 블록을 ㄱ 모양으로 붙여 놓고 '총'이라고 부른다. 이는 모양을 생각해 내는 연상 능력이 이미 머릿속에 잠재되어 있기 때문에 가능한 것이다. 용석이가 자동차 장난감을 쌓아 놓고 우리 집, 즉 '아파트'를 떠올리는 것이나, 혜원이가 가위를 벌리면서 '꽥꽥거리며 울고 있는 오리'라고 부르는 것도 다 연상 작용에서 나온 것이다.

나는 용석이와 혜원이가 연상 작용을 통해 명명한 이러한 것들이 피카소의 〈황소 머리〉와 비교해 보았을 때 신선함에서 전혀 뒤지지 않는다고 자신한다. 그렇다면 아이들이 피카소와 같이 천부적인 화가의 기질을 타고난 것일까? 아니면 피카소가 아이들과 같은 감성을 유지한 것일까? 많은 평론가들은 후자 쪽에 비중을 두며 피카소를 위대

그림 46 • **조규현(7세), <말>, 종이에 연필, 30×54cm**
간결한 선으로 말의 특징을 잘 표현했다.

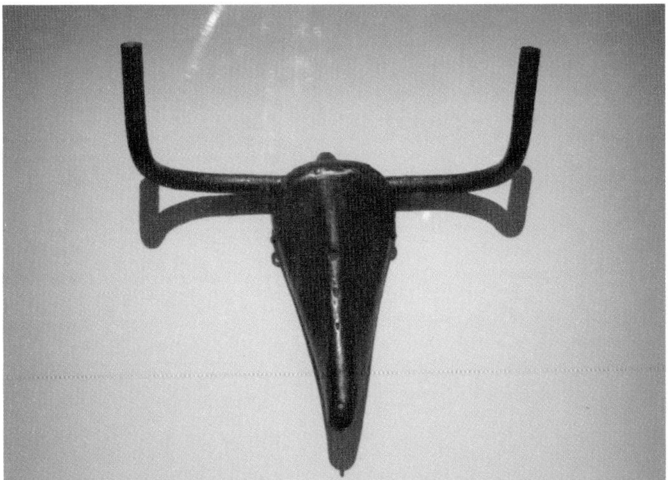

그림 47 • **파블로 피카소, <황소 머리>, 1942년, 혼합 재료, 33.5×43.5×19cm, 파리, 피카소 미술관**

한 화가라고 부르지만, 나는 전자일 가능성이 높다고 생각하며 아이들의 뛰어난 연상 작용에 높은 점수를 주고 싶다.

7살 반이 합동으로 그린 〈우주 전쟁〉에서 경호가 그린 우주선에는 USA라는 영어가 붙어 다녔다. 나는 처음에는 영문을 모르고 경호네 집에는 미제 물건이 많은가 보다 하고 생각했다. 나중에 규현이가 UFO라고 고쳐 불러서 무슨 뜻으로 써 넣었는지 이해하게 되었다. UFO인지 USA인지 정확히 모르는 경호로서는 철자 문제쯤은 전혀 중요하지 않았는지, 그래도 계속 USA를 써 넣었다. 그래서 내가 규현이 귀에다 작은 소리로 "경호 우주선은 미국에서 만든 지구 편의 것이니까 신경 쓰지 말자"고 이야기해 주었다. 아무것도 모르는 어린아이가 했으니까 재미있는 해프닝으로 웃으며 넘어갔지, 10살짜리 아이가 했다면 '바보'라 부르며 놀려 댔을 것이다.

경호의 경우처럼 화가들은 '어수룩한 눈'으로 사람들을 재미있게 해 유명해진 사례도 많다. 사실 재미를 줄 만큼의 기발한 착상이나 연상 작용은 아무나 할 수 있는 것이 아니다. 그만큼 어른이 되어 가는 사이에 잠재된 창의력이 남의 안목에 길들여져서 타성적으로 변하기 때문이다. 아이들이 그리는 대상은 그 마음만큼이나 순수하고 아름답다. 남을 의식하지 않는 만큼 부담 없이 환상적인 선과 색으로 표현한다.

화가들과 어린아이들은 제작 과정이나 마음 상태에서도 많은 공통점이 있다. 지원이나 하빈이가 그린 그림48을 서구의 추상 화가들, 이를테면 칸딘스키Wassily Kandinsky나 폴록Jackson Pollock과 같은 작가의 작품이라 해도 믿을 만큼 공통점이 많다. 폴록이 "내가 그림에 몰두할 때는 무엇을 하고 있는지 거의 의식하지 못한다. 나중에 내가 그려 놓

그림 48 • **고하빈(5세), 폼 보드에 크레파스와 수채, 90×60cm**
무엇을 그렸는지 자신도 모르는 하빈이에게는 어느 쪽이 위인지 중요하지 않다. 그래도 색감은 멋지다.

은 것을 보게 될 때 알게 된다"고 한 말은 아이들의 심리 상태와 매우 유사하다. 실제로 아이들이 도화지 위에 올라가 온몸을 바쳐 작업에 몰두하는 모습을 보고 있노라면 폴록이 물감을 뿌리며 작품을 제작하던 모습이 연상된다. 그림을 그리는 것인지, 행위예술을 하는 것인지, 무엇을 하고 있는지 알 수 없으니 말이다.

이처럼 아이들과, 우리가 뛰어난 화가라고 칭송해 왔던 화가들은 매우 닮았다. 바로 순수한 마음과 무한한 상상력을 가지고 있다는 점에서 그렇다. 그래서 아이들의 그림을 잠재적인 예술 작품이라 말하는 것인가 보다.

04

산골짜기 아이와 도시 아이가 그린 포도 색이 다른 이유는?

아이를 키워 본 사람이라면 누구나 아이가 3살쯤 될 때 신기한 반응을 보인다는 사실을 느꼈을 것이다. 남자아이는 자기가 남자인지를 어떻게 알고 자동차에 관심을 보이고, 여자아이는 자기가 여자인지를 어떻게 알고 인형에 관심을 보이는지 말이다. 용석이는 채 두 돌도 안 되어서 장난감 자동차 2대를 항상 안고 다녔다. 잘 때도 머리맡에 놓아두고, 자기 누나가 만지려 하면 버럭 소리를 질렀다. 용석이가 노는 것을 자세히 보면, 차를 일렬로 세워 교통 체증을 연상시키기도 하고 또 주차하는 시늉까지 내는 등 혜원이와는 확실히 달랐다. 성별에 따라 나타나는 이 신기한 현상은 아이의 색감 형성에서도 정확하게 맞아떨어진다. 이런 것을 보면 누군가가 여성이 여성적 성향을 나타내는 것은 사회 제도에 의해 학습된 현상이라고 썼던 논리는 틀린 것 같다.

아이들이 색을 알게 되는 시기인 4세 정도부터, 이상하게도 여자아이들은 핑크색이나 빨간색 계열을 좋아하고 남자아이들은 파란색, 녹색 계열을 선호한다. 가끔 남매의 영향으로 다른 양상을 보이는 경우도 있지만, 대체로 앞서 말한 경향에서 크게 벗어나지는 않는다. 그렇다면 이때부터 혹은 그 이전부터 색에 대한 선호도나 색감이 형성된다는 이야기가 성립된다.

그림 49 •
정의찬(6세), 동화책 표지, 폼 보드에 수채, 26×21cm
번지는 바탕 색감과 알록달록한 새의 색이 예쁘게 잘 어울린다.

색감에 대해 쓰려고 하니까 대학교에 다닐 때 만났던 강원도 출신의 한 친구가 생각난다. 아무래도 미술대학이기 때문에 개성이 뚜렷한 사람들이 많이 모였겠지만, 이 친구는 색감에 있어서 유난히 특이한 성향을 보였다.

이 친구의 그림을 보면 동색 계열이 적절히 사용되기도 하고, 때로는 보색 계열이 강하게 시선을 끌어당기기도 했다. 한 가지로 설명할 수 있는 색을 쓰는 것도 아니면서, 그렇다고 색을 난해하게 쓰는 것도 아니었다. 어떤 때는 다양하고 풍부하게 색을 사용하는가 하면, 어떤 때는 과감하게 한 톤으로 처리하는 숙달된 감각을 보였다.

그 친구가 표현하는 이러한 색감에 학우들뿐 아니라 교수님들도

다 놀랐는데, 지금 생각해 보면 그 친구가 별다른 교육을 받았기 때문이라기보다는 자연에서 영향을 받았기 때문이 아니었나 싶다. 아름다운 자연의 색을 보고 자랐던 그 친구와 도식적인 색만 보고 컸던 도시 친구들의 색감이 확실한 차이를 보인 것은 당연한 결과였다. 도시에서 자란 친구들은 확실히 교육에 길들여진 인공적인 색감을 많이 사용했다.

도식적인 색감은 요즘 어린이들에게서 더 쉽게 찾아볼 수 있다. 요즘 아이들은 아주 어릴 때부터 컴퓨터나 스마트 기기 등을 통해 많은 캐릭터를 만나고 거기서 많은 영향을 받는다. 따라서 아이들이 접할 대상을 선택하는 데 소홀할 수 없다. 이러한 자각 때문인지 책의 경우를 예로 들어 보면, 출판사들에서 어린이 책을 만드는 데 많은 공을 들이는 것을 알 수 있다. 일단 책방을 들어서면 책의 세련된 색감이 한눈에 들어온다. 엄마들이 조금만 신경 쓴다면 좋은 책을 포함해 좋은 콘텐츠를 선택하는 데 어려움이 없을 것이다. 그러나 이러한 것들이 자칫 아이들의 색감 형성기에 고정 관념을 가지게 만들 수 있다는 점도 유념해야 한다.

어린이 미술 교육에 관한 어떤 광고를 보면, 능숙하게 그려진 포도 형태에 보라색 물감으로 쉽게 쓱싹쓱싹 칠하는 기법이 소개된다. 신기할 정도로 순식간에 만들어지는 포도의 색과 형태를 본 아이에게는 그 순간부터 포도 하면 보라색이라는 고정된 색감이 형성된다. 빨간 사과가 그려진 예쁜 손가방을 받아 든 아이에게는 사과라는 것이 단순히 빨간색 한 가지 톤으로 되어 있다는 이미지가 형성된다. 스케치북 표지를 장식하는 고불고불한 녹색 나뭇잎과 밤색 기둥을 지닌 귀여운 나무 한 그루는 아이의 나무를 영원히 녹색과 밤색으로 고정

그림 50 • (좌) 고하빈(4세), <공주>, 종이에 크레파스와 색연필, 30×54cm

그림 51 • (우) 이지원(4세), <공주>, 종이에 크레파스와 색연필, 30×54cm

그림 52 • **천혜원(4세), <공주>, 종이에 크레파스와 색연필,** 54×30cm
옆에서 그린 친구의 색상은 서로에게 영향을 준다. 비슷한 색감이 느껴지는 그림들이다.

시킬 수 있다.

따라서 문명의 혜택을 많이 받는 도시 아이보다 자연에서 직접 포도를 보고 자란 산골짜기 소년이 칠하는 포도 색깔이 더 풍부할 수밖에 없다. 산골짜기 소년은 같은 포도라 해도 햇빛을 받을 때는 붉은 핑크빛을 띠며 그늘 아래서는 검은빛을 띠는 것을 잘 알고 있기 때문이다. 이것은 스스로 관찰하며 깨달은 결과다.

주위가 온통 나무로 뒤덮인 풍경을 보며 자란 아이는 나무를 그릴 때 절대로 밤색과 녹색만 사용하지 않는다. 자연에서 느끼는 색감보다 더 아름다운 것은 없다. 색감 형성을 포함한 여러 측면에서 여행의 중요성이 강조되는 것은 아마도 이러한 이유 때문일 것이다.

05

색을 많이 다루어 본 아이가 색감도 풍부하다

어떤 것이 좋은 색감인가라는 질문에 딱 부러지게 대답하기는 어렵다. 색감이야말로 개인마다의 취향이 강하게 작용하기 때문에 섣불리 가르친다고 될 문제도 아니다. 가끔 동색 계열 · 보색 계열, 또는 차가운 색 · 따뜻한 색 등으로 구분하여 지도 체계를 세우기도 하지만, 색의 분포, 예를 들면 보색일 경우 어느 쪽이 얼마만큼의 넓이로 자리 잡느냐에 따라 그 느낌이 확연히 달라진다. 따라서 이렇게 광범위한 이론적 체계는, 개인마다 다르며 복잡 미묘한 색감 형성에 관해 올바른 길잡이 역할을 하기 힘들다.

그럼에도 우리는 사소하게는 선진국과 후진국을 비교하면서 후진국 사람들은 옷의 색감에서조차 왠지 촌스럽다는 생각을 한다. 그런 면에서 선진국 사람들의 색감은 어떻게 만들어졌으며, 어떤 교육을 통해 나온 것인가라는 질문이 나올 법도 하다. 그러나 이것 또한 하루아침에 이루어진 것은 아니다. 각 나라의 독특한 문화 수준까지 생각을 확대시켜야 이해할 수 있는 문제이다 보니, 우리가 아이들을 대상으로 색감 교육을 한다고 해서 금방 효과를 거둘 수 있다고 기대하는 것은 어불성설이다. 오랜 시간을 가지고 아이들이 영향받는 대상들을 작은 것부터 고려하면서 차근차근 시도해 보자.

아이들이 사물을 보고 그것을 따라 그리려 하는 모방 본능은 색감이 형성된 뒤에 생기기 때문에, 색감 교육에 공을 들이는 것은 너무나 당연하다. 4살짜리 아이를 대상으로 색감 형성이니 색감 교육이니 하면 거창한 것처럼 들릴 수도 있겠지만 그 방법은 의외로 간단하다. 우선 아이에게 주는 색의 양을 늘리는 것이다. 많은 색을 경험하도록 하는 것보다 더 효율적인 교육 방법은 없다. 특히 비전문가인 엄마들의 입장에서 할 수 있는 최선의 교육은 무엇이든지 많이 보여 주고, 많은 색을 주어 자신의 취향에 맞는 색을 선택하도록 하는 것이다.

나는 아이들에게 보통 60가지 색이 들어 있는 크레파스를 주고 그림을 그리라고 한다. 하루는 한 어머니가 나에게 유치원에서는 이렇게 가르치지 않는다며, 60색을 주는 이유를 물어 왔다. 유치원에서는 7가지 색이 들어 있는 크레파스를 준다고 했다. 원색을 먼저 알아야 된다는 논리다.

대부분의 아이들이 밝은색 혹은 원색을 선호하는 것을 막을 수는 없지만 처음부터 빨강 · 노랑 · 파랑의 원색으로만 한정시켜 그림을 그리게 하는 것은 좋은 방법이 아니다. 그렇게 그리는 아이들은 대부분 얼마 뒤에는 더 이상 발전하지 못한다. 이상하게도 원색이라는 것은 다른 색이 들어오는 것을 강하게 막고, 점점 고정되어 가는 아이들

그림 53 • 조규현(7세), 영화 <얼호와 불호의 대결> 광고, 종이에 연필과 크레파스, 30×54cm

의 심리 상태와도 잘 맞아떨어져 표현을 단순화시킨다. 아이들은 화려한 원색을 즐기는데, 혼색과 탁색 등 여러 색을 경험한 뒤에 원색을 쓰게 하면 훨씬 더 좋은 색감을 지니게 된다.

규현이가 만든 광고 그림53에서는 혼색의 사용을 통해 어떤 색감 효과를 얻고 있는지 볼 수 있다. 바깥 부분의 테두리에서 볼 수 있듯이, 처음에는 전혀 안 어울리는 두 개의 2차색을 반복해 사용하여 불안한 색감을 만드는가 싶었다. 그런데 안쪽에 녹색을 넓게 칠함으로써 강한 보색 대비를 만들어 냈다. 그야말로 광고의 기능에 맞게 시선을 강하게 집중시키는 효과를 창출한 것이다.

하빈이가 그린 〈공주〉54는 신기하게도 보색들로 어우러져 있다. 재용이는 노란색 얼굴에 눈 · 코 · 입을 검은색으로 칠해 강한 인상을 주었다. 이 아이들은 어떻게 그 이치를 알았을까? 가르쳐 준 적도 없

그림 54 • 고하빈(4세), <공주>, 종이에 연필과 크레파스, 30×54cm

는데, 빨간 치마에는 녹색 저고리가 어울리고, 길에 놓인 바리케이드는 검은색과 노란색으로 이루어져 사람의 눈을 자극한다는 원리를 말이다.

나는 아이들에게 될 수 있는 한 많은 색을 주고 자유로운 형태로 그리게끔 하고 싶다. 많은 색을 준다고 해서 아이가 그것을 다 사용하는 것은 아니다. 아이가 제일 먼저 골라내는 색은 100가지 색을 주어도, 10가지 색을 주어도, 신기하게도 똑같은 한 가지 색이다.

흔히 엄마들은 아이가 골라내는 색을 보고 무심코 집은 것이 아닐까라는 질문을 한다. 그러나 아이마다 색감이 다르게 나타나는 것을 보면 그렇지 않다는 것이 확실하다. 혜원이의 그림55과 재용이의 그림56을 비교해 보면 각자의 개성이 뚜렷하게 나타난다.

다음으로 중요한 것은 아이의 그림 그리는 시간을 가능한 한 늘

그림 55 • **천혜원(4세), 종이에 크레파스, 40×30cm**

그림 56 • **최재용(4세), 종이에 크레파스, 30×54cm**
두 작품의 색감은 그 느낌이 아주 다르다. 각자의 다른 개성이 잘 드러나 있다.

그림 57 • **최재용(4세), 종이에 크레파스, 30×54cm**

그림 58 • **최재용(4세), <달팽이>, 종이에 크레파스, 30×54cm**

그림 59 • **최재용(4세), <코끼리와 기찻길>, 종이에 크레파스, 30×54cm**
재용이의 스케치북은 다양한 색의 경험을 통해 선호하는 색이 변화되어 가는 과정을 잘 보여 준다.

리는 것이다. 그러면 아이는 자신이 파란색을 좋아할 경우 처음에는 파란색을 쓰고, 그다음에는 두 번째로 좋아하는 색을, 또 그다음에는 세 번째로 좋아하는 색을 쓴다. 시간에 비례해서 사용하는 색도 점차 늘어나게 되는데, 그렇게 되면 결국 같은 계열의 다양한 색을 한 번쯤은 다 경험하게 된다. 물론 스스로 도화지의 면을 분할하면서 색을 즐기게 되는 것이다.

4살 된 재용이가 그린 이상한 형태의 면들로 이루어진 그림**57**은 아이가 원래 좋아하는 녹색에서부터 다양한 색의 경험을 통해 선호하는 색이 변화되어 가는 과정을 보여 준다. 이 그림을 포함해 한 권의 스케치북에 담긴 그림들은 놀라울 정도로 색감이 잘 어우러져 있다.

많은 색을 사용해 보던 재용이가 하루는 무엇인가를 그렸다. 유치원에서 배웠는지 책에서 보았는지 알 수 없지만, 재용이가 그린 것은 〈달팽이〉**58**였다. 무심히 보면 달팽이의 색은 단순한 갈색이었지만, 자세히 살펴보니 그 속에 각기 다른 갈색이 숨어 있었다. 한 달쯤 후에 그린 〈코끼리와 기찻길〉**59**에서 재용이는 더욱 우아한 색감 실력을 발휘했다.

연필 한 가지만으로 그림을 그리는 '소묘' 수업 시간에도 색조에 있어 미묘한 차이가 드러난다. 가끔 보고 그리기를 하는 내 수업 시간에 4B 연필로 그리는 경우가 있는데, 아이마다 각기 다른 연필의 색감을 가지고 있다는 것을 느끼게 된다. 그러니 여러 가지 색상으로 그린 그림에서 각자의 개성이 나타나는 것은 당연하다.

여러 가지 색을 경험해 본 아이들은 같은 색상을 사용해도 자신이 가진 느낌을 훨씬 효과적으로 표현한다. 현정이가 그린 〈눈〉**60**은 하늘과 땅을 고정된 이미지의 색으로 칠했지만, 하늘의 파란색을 밝

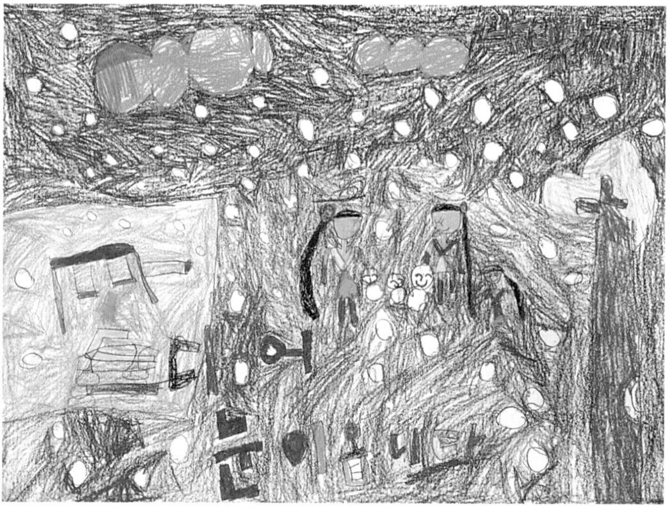

그림 60 • 박현정(7세), <눈>, 종이에 연필과 크레파스, 30×54cm

은색이 아닌 어두운색으로 칠했기 때문에 눈과 잘 어울린다. 또 땅의 밤색도 어두운 계열의 고동색이라서 위의 색을 받쳐 줌으로써 '눈'이라는 주제를 더욱 실감 나게 했다.

7살 반 아이들은 입체 로켓에 칠을 하기 전에 제도해 놓은 로켓의 평면 도면 위에 먼저 색을 칠해 보는 신중함을 보였다. 물감 한 통을 다 쓸 정도로 여러 가지 색을 섞어 보고 선택했는데, 그 노력만큼 세련된 색감이 나왔다. 다만 그 색을 어떻게 만들었는지 몰라 입체 로켓에 색을 칠할 때는 다른 색으로 칠하는 일이 벌어지기도 했지만…….

큰 아이들을 둔 학부모들은 많은 색을 경험하게 하는 게 왜 중요한지 잘 알 것이다. 아이가 학교에 들어가면서부터 그림 형태가 지극히 단순해지고 색감 역시 일정한 색으로 고정된다. 초록색 나뭇잎에

밤색 기둥으로 된 나무와, 연두색 · 녹색 · 쑥색 계열의 나뭇잎에 황토색 · 갈색 · 붉은색 등 다양한 색의 기둥으로 된 나무가 현저하게 다른 것은 당연하다.

색감 형성기에 물감을 이용해서 학습하면 더 다양한 경험을 할 수 있는데, 물감 사용이 미숙한 4살 즈음이 적당하다. 이 또래의 아이들은 아직 어리기 때문에 붓놀림조차 하기 어렵지만, 물감이 섞이는 현상을 보면서 즐거워하게 된다. 처음에는 여러 색이 섞여서 검은색이 주를 이루지만, 여러 장을 계속 그리다 보면 제대로 된 색이 나오게 된다. 처음에는 종이가 찢어질 때까지 물감 칠을 하기도 하는데,

그림 61 • 이지원(3세), 종이에 수채, 30×54cm
색을 처음 쓰는 아이들은 대부분 물감을 마구 섞기 때문에 화면을 온통 검은색으로 만든다. 그 검은색에서 다시 각각의 색이 만들어지기까지는 많은 반복이 필요하다.

이 또한 아이의 지구력과 관련해서 생각해 보면 바람직한 현상이다. 아이가 싫증을 느낄 때까지 하게 놓아두면 어차피 스스로 터득하게 된다.

색감 교육을 하기에 가장 힘든 아이들은 8살부터인데, 대부분 색감이 고정되어 수정이 잘 안 된다. 그때서야 부랴부랴 가르쳐 보겠다고 나뭇잎에는 이 색, 저 색을 섞어서 칠하라고 해 보았자 아이의 감성에는 전혀 영향을 주지 못하는 암기 위주의 교육이 되어 버린다. 오히려 미술 점수를 높인다고 괜스레 창작 의욕만 떨어트리는 결과를 낳을 수 있다. 그러니 어릴 때 많은 색을 경험하게 하여 풍부한 색감을 형성할 수 있도록 도와주자.

06

큰 종이를 주면 크게 그린다

나날이 거대해지고 스펙터클해지는 영화를 접할 때면 속이 다 후련해지는 것은 우선 규모 때문일 것이다. 어떻게 저런 영화들이 만들어질까? 영화라는 것이 한두 분야만 잘한다고 해서 좋은 작품이 만들어지는 것은 아니지만, 그래도 블록버스터 영화의 성공 원인을 한 가지만 꼭 짚어 본다면 그것은 도전 정신과 맞물린 거대한 규모가 아닐까 싶다. 어마어마한 화면에 펼쳐지는 장대함은 영화관을 나와서 한참을 걷는데도 하늘 저편에 우주선이 떡 버티고 있는 것 같은 착각을 일으킬 정도다.

나는 아이들에게 지구력과 집중력을 길러 주기 위해 이와 같은 큰 규모를 강조한다. 입체로 만들기를 하든, 평면에 그림을 그리든, 큰 규모는 아이들의 그릇을 만드는 중요한 요소로, 지구력과도 일맥상통

그림 62 • 100제곱미터 남짓한 내 작업실이 모자랄 정도로 아이들은 큰 작품을 만들어 낸다.

한다. 큰 작업을 하기 위해서는 긴 시간이 필요하기 때문에 자연히 지구력도 길러지게 된다.

나는 5살짜리 아이에게도 60×90cm의 큰 종이를 펼쳐 준다. 아이가 미리 질려 시작조차 못 하지 않을까 걱정하는 사람도 있지만, 이상하게도 5살짜리 아이들은 8살짜리 아이들보다 오히려 겁을 내지 않는다. 아직 잘 몰라서 그럴 수도 있지만, 자신의 키보다 더 큰 2절지 종이를 받아 든 아이들은 가지각색의 도형을 그리기도 하고, 과감하게 색을 칠하면서 즐긴다. 어릴 때부터 크게 그리는 버릇을 들이면 나이가 들어서도 결코 질리는 일이 없다. 큰 종이에 그리는 것을 당연하게 받아들이고 대담함이 뭔지도 모르면서 어느새 대담하게 그리는 습관을 갖게 된다.

4살짜리 재용이는 2절지를 가득 채워 〈고래〉를 완성했는데, 8절지 한쪽 구석에 조그맣게 그린 9살짜리 그림과 비교해 보면 그 대담성에 놀라지 않을 수 없다. 큰 종이를 가득 메우기 위해서는 선부터 크게 잡아야 하는데, 어린 나이에 기특할 정도로 시원스럽게 그렸다. 자기 키만 한 고래를 선 하나로 쓱싹 그리니 말이다.

아이들이 직접 제도해서 입체로 만든 로봇**63**을 보면 모두 자기 키보다 크다. 큰 로봇에 매달려 못을 박고 색을 칠하며 꿈을 키우는 동안, 아이들의 규모감은 어느새 하늘을 날아다니는 우주선만큼 커지는 모양이다. 만들면 만들수록 커지는 로봇을 쳐다보는 아이들의 눈빛이 예사롭지 않다. 그 덕분에 100제곱미터짜리 내 작업실은 사람보다 큰 로봇들로 가득 차서 발 디딜 틈이 없다.

어느 날 한 아이가 찾아왔는데, 그날따라 내가 하던 일이 있어 작업실에 있던 은성이와 새로 온 아이에게 찰흙을 주면서 뭐든지 만들면서 놀고 있으

그림 63 • **공동 작품(7세), <로봇>**
교실에는 공간이 부족해 로봇을 화장실 옆 복도에 놓았다. 모두 모여 복도에서 사진 한 컷! "우리가 지구를 지킨다."

라고 했다. 잠시 후, 새로 온 아이는 10cm가 될까 말까 한 작은 사람을 만들어 놓았고, 은성이는 길이가 5cm쯤 되는 직육면체를 만들어 높게 쌓고 있었다. 은성이의 작품은 만들던 도중에 찰흙이 부족해서 중단되었지만, 은성이의 설명에 따르면 커다란 요새라고 했다. 쌓아 놓은 높이만 50cm가 되니 작품성은 차치하더라도 크기만으로 새로 온 아이의 작품을 압도했다. 보는 사람의 마음이 흐뭇해질 정도니 직접 작업한 아이의 마음은 더 뿌듯했을 것이다. 그리고 큰 규모를 통해 자신감과 도전 정신이 더 가득 차게 되었을 것이다.

무조건 '크게'만 강조하여 그림을 그리게 한다고 하루아침에 규모감이 큰 아이가 되는 것은 아니다. 큰 영화관에서 대형 화면으로 영화를 접해 본다거나 아이맥스 영화면 더욱 좋겠다. 또는 높은 빌딩을 방문해 본다거나, 큰 조형물 앞에 서 보게 하는 등 상상도 할 수 없었던 거대한 매체를 경험하게 해 보자. 이런 과정들을 통해 차츰차츰 변화하는 것이지, 큰 그림 하나로 아이가 대담해지는 것은 아니다.

〈고래의 노래〉라는 아이맥스 영화를 보고 온 혜원이가 2절 도화지를 받아 들더니 갑자기 한쪽 모서리에서 다른 모서리까지 이어지는 긴 선을 내리그었다. 그냥 큰 선 하나로 끝을 내 무엇을 그렸는지는 알 수 없었지만, 아이의 의도는 충분히 짐작이 갔다. 분명히 큰 화면을 가득 채웠던 배를 그리고자 했을 것이다. 어마어마한 화면을 통해 드러난 배의 대담한 모습에 나 역시 놀란 터였다. 그 감동을 혜원이도 표현해 보고 싶었을 것이다.

그러나 어설픈 대담성만 강조하는 것은, 자칫 잘못하면 대충 크게만 쓱싹 그리는 '적당주의'에 빠지게 할 수도 있다. 큰 작업 과정은 긴 시간이 병행되어야 한다. 아이는 오랜 시간에 걸쳐 큰 종이를 메우다 보면 이렇게 저렇게 아이디어를 짜내게 되고 세밀하게 그리는 정밀성까지 가지게 된다. 다 그린 것 같더라도 시간을 조금씩 늘리면서 더 그리도록 유도한다면, 아이는 무엇인가를 더 그리기 위해 많은 생각을 하게 될 것이다. 그러면서 남이 생각하지 못하는 것을 생각해 낼 수도 있으니 창의력이 자연히 향상될 것이다.

동그란 얼굴에 고불고불한 머리카락을 늘어뜨리고 사방으로 부풀린 치마를 입은 공주를 그린 5살짜리 아이들에게 '조금 더'를 요구했다. 자신들이 봐도 공주라고 하기에는 좀 초라했던 모양이다. 자꾸만 더 그리라는 내 요구에 자기들끼리 조잘거리더니, 기다랗게 휘어진 속눈썹을 그리고, 한 선으로 찍 그었던 입술에는 빨간색을 칠하고, 치마 위에는 삐뚤삐뚤하지만 화려한 레이스도 그려 넣었다. 왕관도 씌우고 손에는 별이 달린 봉을 쥐어 주고 유리 구두도 신기자, 제법 공주다운 공주가 탄생했다. 그래도 내가 시간이 남았으니 더 그리라고 하니까, 아이들은 공주 뒤로 무지개를 그려 넣고 공주 주위를 에워싼 성까지 만들어 주었다. 그래도 또 시간이 남았다고 하자, 귀걸이와 목걸이까지 걸어 주어 점점 더 화려한 공주로 만들었다.

8살 반 친구들은 커다란 입 속에 날카로운 이빨을 18개나 가지고 있고 눈꼬리도 올라간 제법 무시무시한 공룡을 만들어 냈다. 하지만 내가 시간이 남았으니 더 그려 보라고 하자, 처음에는 그릴 것이 없다며 힘들어하던 아이들이 투정을 언제 했냐는 듯 공룡 내부에 뼈를 하나하나 그리기 시작했다. "그래도 시간이 남았으니 어떻게 하지?" 했더니 공룡이 잡아먹은 것들을 배 속에 집어넣기 시작해 2시간이 훨씬 지나서야 거대한 〈공룡〉64을 완성했다. 정민이는 끝내고 나서도 아쉬운 듯이 그릴 것이 남았다며 시간을 더 달라고 했다.

그림 64 • **공동 작품(8세), <공룡>**
그림 속 공룡의 키가 아이들의 키를 훌쩍 넘었다.

그림 65 • **공동 작품(7세), <항공 모함>**
어릴 적부터 크게 표현해 본 아이들은 대담함이 무엇인지도 모르면서 어느새 대담한 아이로 자랄 것이다.

여기서 다시 작품의 큰 규모가 강조되는 것은 작게 그린 공주나 공룡에는 더 이상 파고들 공간이 없기 때문이다. 그런데도 더 그리라고 하면 아이들은 짜증만 낼 것이다. 크게 그린 그림 속에서 조금씩 더 세부를 찾다 보면 정밀한 부분까지 묘사하는 습관이 생겨, 대담성으로 인해 자칫 도식화되고 단순화되기 쉬운 습관을 없애 줄 수도 있다. 결국 규모가 큰 작업은 아이들의 지구력을 높일 뿐 아니라 정밀성까지 길러 준다.

07

똑같은 종이 안에서도 축구장의 넓이가 달라진다

회화란 '공간을 다루는 표현 방식'이라고 정의한 것에 크게 공감하고 있던 나는 석사 논문에서도 공간에 대해서 썼다. 내가 내 작품의 주제를 '공간 규정'이니 '공간 탐색'으로 내걸고 있는 것도 공간에 대한 호기심 때문이며, 아이들에게 마음 놓고 가르칠 수 있는 영역도 바로 '공간'이다. 아이들에게 지식만 전달하는 것에 불만을 가지며 아이들 각자의 개성과 창의력을 중시한다고는 했어도, 내가 암암리에 강조했던 것은 아무래도 '공간'에 대한 문제였다.

데이비드 라우어David A. Lauer는 '공간'에 대해 "그림의 평면은 이제 더 이상 평면이 아니며 그리는 이(예술가)에 의해 창조된 3차원 세계로 들어가는 하나의 창문이다"라고 말했다. 이렇게 회화를 공간이라는 3차원 세계로 풀어 설명하려는 시도는 이외에도 많았지만 결론은 대부분 비슷하다.

회화의 역사를 공간의 역사라 해도 지나치지 않을 만큼 '공간'에 대한 문제는 어렵고 중요하다. 서양에서는 그림에 많은 공간을 담아내기 위해 앞에 있는 대상은 크게 그리고 뒤에 있는 대상은 작게 그리는 크기의 대비, 위에 있는 대상을 더 멀리 느껴지게 하는 위계의 대비, 겹쳐졌을 때 앞에 있는 대상이 뒤에 있는 대상을 가려서 안 보이는 부분이 뒤에 있는 것처럼 표현하는 중첩 등 많은 방법을 개발해 냈다. 이렇게 다양한 방법이 공간을 표현하는 데 이용되었지만, 뭐니 뭐니 해도 원근법이야말로 서양 미술에 가장 큰 영향을 미친 공간 지각법이다. 원근법은 소실점을 향할수록 사물을 점점 작게 묘사하여 무한한 공간감을 느끼게 하는 기법이다. 우리의 시각을 자극하는 영화나 광고 등을 보면 지금도 이 기법이 많이 사용되고 있음을 알 수 있다.

이처럼 중요한 '공간'에 대한 문제의식을 아이들에게 심어 주기 위해, 내가 최선의 방법으로 선택한 것은 평면의 투시도를 입체로 만드는 작업이었다. 또 '공간감'을 키워 주기 위해 규모가 큰 작업을 유도했다. 다행히 아이들은 그 어려운 '공간의 문제'를 자연스럽게 소화해 냈다.

2002년 월드컵의 열기로 온 나라가 축구에 빠져 있던 무렵, 내 작업실에서도 그 열기는 이어졌다. 아이들은 계속해서 축구장만 그리고 만들었다. 몇 주째 반복해서 그리는 축구장에 지루함을 느끼던 나는 엉뚱하게도 아이들이 공간을 얼마나 이해하고 있는지 알고 싶어졌다.

즐겁게 축구장을 그리고 있는 아이들의 작업을 중단시키고, 직접

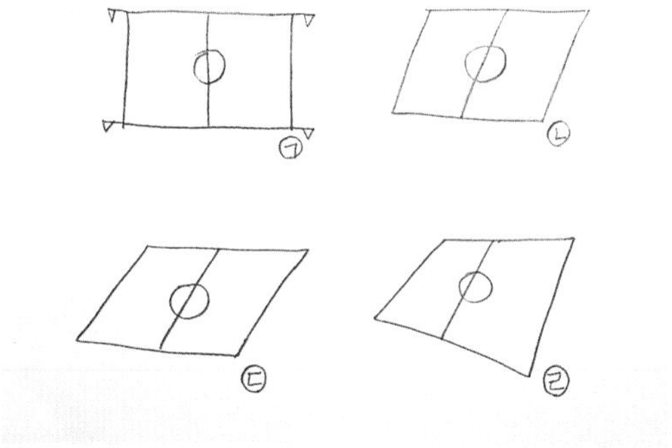

그림 66 • **보는 각도에 따라 달라지는 축구장 그림의 예**

종이와 연필을 들고 처음으로 예시 작품을 그려 보여 주었다. 그리고 그림을 가리키며 "이게 뭘까?" 하고 질문하자 아이들은 하나같이 축구장이라고 큰소리로 대답했다. 나는 곧바로 이것을 자신들이 그린 축구장과 비교해 보도록 했다. 그다음에 축구장의 4가지 예**66**를 보여 주고 어느 축구장이 가장 넓은가를 맞춰 보라고 했다.

역시 눈썰미가 뛰어난 경호가 마지막 축구장(그림 66 중 ㉣)을 가리켰고, 규현이와 은성이는 세 번째 축구장(그림 66 중 ㉢)을 골랐다. 그러는 과정에서 자신들의 축구장과 닮은 첫 번째 축구장(그림 66 중 ㉠)은 갑자기 작고 멋없는 동네 놀이터가 되어 버렸다. 아이들은 내가 그린 축구장을 보고 다시 그리고 싶었는지, 종이를 새로 달라고 했다. 참고로 말하면 나는 아이들에게 답을 가르쳐 주지 않았다. 무작정 외우는 암기식 공부를 시키고 싶지 않았기 때문이다.

아이들이 그린 〈축구장〉을 자세히 보면 평면이던 사각형이 기울어지면서 입체로 느껴진다. 여기서 재미있는 것은 경호와 규현이는

그림 67 • 노은성(7세), <축구장>, 종이에 연필, 30×54cm

그림 68 • 장경호(7세), <축구장>, 종이에 연필, 30×54cm

그림 69 • 조규현(7세), <축구장>, 종이에 연필, 30×54cm

중앙선을 입체로 표현하기가 힘들었는지 그냥 수직으로 내리그었다는 점이다.67, 68, 69

골대의 표현도 재미있다. 아집이 강한 경호의 그림68을 보면, 우리 편의 골대는 대충이나마 입체로 그려진 반면에 상대편의 골대는 다시 평면으로 그려져 있다. 판단력이 뛰어난 규현이 그림69의 골대는 어설프기는 하지만 입체로 느껴지는데, 우측에 육면체를 연습한 흔적과 골대를 여러 번 지운 흔적이 있는 등 입체 골대를 그리기 위해 많은 노력을 기울였음을 알 수 있다.

매사에 확실한 성격을 가진 은성이의 그림67은 전반적으로 입체로 느껴졌다. 그림 66의 ㉠에 그려진 깃발은 이 또래 아이들의 그림에서 흔히 볼 수 있는 방식인 데 반해, 은성이는 축구장 네 모퉁이의 깃발을 다 정확하게 입체로 그렸고 의자도 입체로 표현했다. 위쪽의 의자에 앉은 사람은 바로 그 유명한 차범근이라고 한다. 전광판을 그리면서도 잘못된 부분은 고치거나 × 표시를 하는 등 노력한 흔적이 많이 보였다. 아직 능숙하게 입체를 표현할 능력이 안 되었지만, 이날 이후로 아이들은 눈에 띄게 입체적으로 표현하기 시작했다. 아이들에게 고정된 지식을 강요한 것이 아닌가 싶기도 했지만, 단순한 재미 이상을 체험하게 한 것 같아 흐뭇했다.

이날 이후의 수업이었다. 9살 세준이는 제트기를 위에서 내려다봐서 몸체의 날개가 좌우로 대칭을 이루고 있는 모습으로 그렸는데, 처음에는 조종석을 오른쪽이 볼록한 측면 형태로 묘사했다. 정민이가 세준이의 그림을 보고 전체적으로는 위에서 본 모습인데 왜 조종석만 측면이냐고 날카롭게 지적했다. 세준이는 정민이의 지적을 받고 급하게 그것을 지웠다. 세준이는 한참을 생각한 끝에 모양을 수정해서 논리에 맞는 그림을 만들었지만, 재미있게 표현되었던 제트기는 더 이상 볼 수 없었다.

정민이와 세준이의 대화를 듣는 순간, 내가 상투적인 지식을 알려주는 바람에 아이들의 재미있는 표현을 망쳐 버린 것은 아닌가 하는 생각이 들었다. 아이들에게 투시도나 전개도와 같은 일정한 틀을 가르친 것에 회의가 들기 시작했다. 그렇지만 내 교육 방향이 근본적으로 변할 수는 없었다. 내가 중요하다고 생각한 것은 예쁘고 재미있는 그림 한 장보다 영화나 건축물과 같이 3차원 세계를 자유롭게 넘나들 수 있도록 감각을 계발하는 것이었다.

그림 70 • 살바도르 달리, <십자가에 달린 성 요한의 그리스도>, 1951년, 캔버스에 유채, 205×116cm, 글래스고, 켈빈그로브 미술관 및 박물관Kelvingrove Art Gallery and Museum

살바도르 달리Salvador Dalí의 〈십자가에 달린 성 요한의 그리스도Christ of Saint John of the Cross〉**70**는 극도로 과장된 표현법을 이용해 우리의 시선을 끌고 있다. 나에게는 아이들이 이 작품처럼 깊은 공간감을 만들어 낼 수 있도록 가르치고 싶은 바람이 있다.

나에게 좋은 그림을

선별해 보라고 한다면 색감 · 구도 · 묘사력 등을 우선으로 하고, 만일 이러한 조건이 모두 갖추어졌다면 그다음으로는 '공간의 양'을 꼽을 것이다. 색감 · 구도 · 묘사력 등은 지금과 같이 개성을 중시하는 시대에는 평가 기준이 애매모호하고 또 아이가 자라면서 많은 변화를 보이지만, 아이가 갖고 있는 공간감(규모와도 통한다)은 크게 변하지 않는다. 공간감은 학습을 통해 키워지기 때문에 어쩌면 교사의 몫일지도 모른다.

세준이가 그린 〈22세기〉71를 자세히 보면, 두께가 1mm도 안 되는 종이 한 장에 어마어마한 공간이 담겨 있다. 왼쪽 중간 부분에 점으로 표현된 것이 사람이고, 활주로에 있는 비행기는 작게 그려져 저 아래에서 움직이는 것 같다. 이 비행기가 작게 느껴지는 것은 바로 옆

그림 71 • 김세준(9세), <22세기>, 종이에 연필, 30×54cm

그림 72 • **권승우(7세), <우리 마을>**
공간 지각력을 공부한 승우는 7살에 원근법에 기초한 도시 그림을 그렸다. 거대한 빌딩 뒤로 구불구불한 고속도로가 있고 앞에는 자동차들이 달린다. 많은 공간을 담고 있는 그림이다.

에 큰 비행기가 있기 때문이다. 큰 비행기가 떠 있는 허공과 그 아래로 펼쳐지는 땅 사이의 거리는 얼마나 될까? 관람자의 시점은 큰 비행기 위에 있게 된다. 그렇다면 관람자와 저 밑에 있는 것으로 보이는 사람들 사이의 거리는 얼마나 될까? 얇은 종이 위에 무한한 공간이 펼쳐지고 있다. 스펙터클한 전쟁 영화의 한 장면을 보는 것 같은 이 한 장의 그림으로 나는 야리야리하고 조그만 투덜이 세준이를 다시 보게 되었다.

08

오리기와 붙이기가 융통성을 키운다

아이들에게 규모감을 키워 주기 위해 나는 의도적으로 콜라주collage 기법을 이용한 수업 과정을 만들었다. 잡지에서 자신이 의도한 주제와 연관된 대상을 오려 작품을 만들어 보는 것이다. 사람이나 물체를 직접 그리는 것보다 사진을 오려서 이용하면 훨씬 실감이 나고 아이들도 재미있어 한다. 직접 사진을 찍어서 사용하면 더 효과적이겠지만 여러 면에서 무리일 것 같아 잡지에서 골라내기로 했다.

콜라주 기법은 미술사에서 보면 초현실주의 작품에 많이 등장하는 기법으로, 요즘은 영화에서 거대한 규모를 강조하기 위해 컴퓨터 합성으로 많이 이용하는 기법이기도 하다. 표현 방식에 따라 다양한 효과를 내는 동시에 아이들의 규모감을 키워 주기에도 좋은 방법인데, 은성이가 만든 〈거대한 오토바이〉73를 살펴보면, 오토바이는 그

그림 73 • 노은성(7세), <거대한 오토바이>, 폼 보드에 사진과 수채, 60×90cm

옆의 작은 사람들과 대비되어 매우 커 보인다.

작업을 시작하기 전에 내 의도를 잘 설명해 보려고 했지만 결과적으로 실패하고 말았다. 아이들은 지금까지와 마찬가지로 내 설명을 듣기 싫어했고, 스스로 표현하기를 원하고 있었다. 의욕이 앞선 아이들은 내가 설명을 하는 동안에도 잡지를 오리느라 정신이 없었다. 그런데 애초 내 의도와는 다른 상황, 다른 성과물을 이루어 냈다. 재치와 융통성이라는 면을 아이들에게서 발견하게 된 것이다. 콜라주라는 것이 단순하게 생각하면 쉬운 작업 같지만, 제작 과정을 자세히 살펴보면 재치와 융통성을 필요로 한다.

우선 하나의 창작물을 만들기 위해 우리가 준비한 것은 10권의 다양한 잡지였다. 아이들은 무엇을 할 것인지 계획을 세운 후에 10권의 잡지에 들어 있는 수백, 수천 장의 사진 중에서 적합한 사진들을 골라냈다. 나는 아이들에게 골라 놓은 사진들을 작품의 의도에 맞게 구도와 크기 등에 세심하게 신경을 써서 배열해 보라고 했다. 계획을 잘 세우지 않으면 어려움은 더욱 커진다. 왜냐하면 선택한 사진에 맞춰 즉흥적으로 이야기를 꾸며서 연결시켜야 하는, 그야말로 융통성이나 재치를 발휘해야 하기 때문이다.

재현이의 〈거인〉74에서 화면 오른쪽에 붙인 아이를 보자. 재현이는 여전히 귀찮은 것을 싫어한다는 점을 알 수 있다. 사람의 몸통은 잘 오렸지만 다리까지 오리기는 귀찮았던 것이 분명하다. 이리저리 머리를 굴리다 결국 생각해 낸 방법이 다리만 연필로 그려 넣는 것이었다. 그 재치에 나는 무심코 잘했다고 칭찬을 해 주었더니, 재현이는 얼떨떨해했다.

한때 피카소 책을 줄줄 외우고 다니던 규현이는 콜라주를 한다는 소리를 듣자마자 능숙한 솜씨로 가위질을 하더니 작품 하나를 만들었다. 불도그의 머리에 황소 뿔을 달고 몸통 양옆에는 날개를 붙여 하늘을 나는 개를 만들

그림 74 • 조재현(8세), <거인>, 종이에 연필·사진·수채, 54×30cm

그림 75 • 조규현(7세), <아이스 하키>, 폼 보드에 연필·사진·수채, 60×90cm

었나 싶었는데, 황소의 다리를 불도그의 다리와 연결시켜 재미있는 모양을 연출했다. 나는 이 작품의 제목을 〈날개 달린 황소가 되고 싶은 개〉라고 붙여 주었는데, 그 까다로운 규현이가 내 간섭을 처음으로 만족스러워했다.

〈아이스 하키〉75는 전체적인 경기장 분위기도 재미있지만, 자세히 보면 등장인물들마다 숨은 의미를 가지고 있다는 점에서 더욱 흥미로운 작품이다. 왼쪽 위에는 이긴 팀의 감독, 그 아래로는 골키퍼가 있는데, 연륜이 지긋한 감독은 신경통 광고에 나오는 노인 사진을, 골키퍼는 시계 위에 놓인 사람 사진을 오려서 표현했다. 게다가 오른쪽 아래에 있는 진 팀의 감독은 쓸쓸한 감정을 표현하기 위해 뒷모습의 사진을 이용했다. 이런 사진들을 어디서 찾았는지 잘도 찾아서 표현했다.

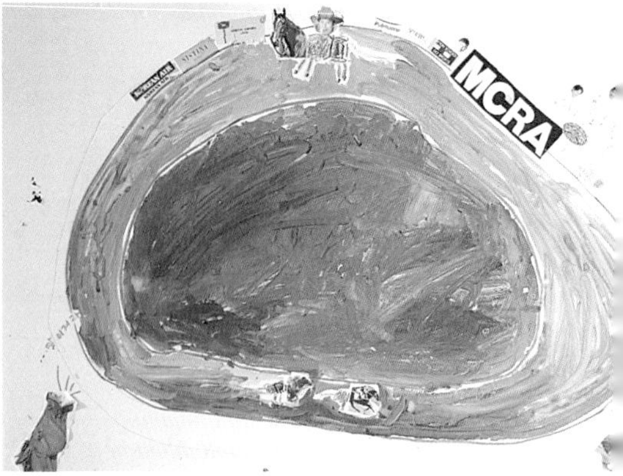

그림 76 • (좌)조재현(8세), <축구>, 폼 보드에 연필·사진·크레파스, 60×90cm

그림 77 • (우)이한준(8세), <경마장>, 폼 보드에 사진·크레파스·수채, 60×90cm

재현이가 그린 〈축구〉**76**에서 인물들의 표정은 그냥 지나칠 수 없을 만큼 재미있다. 공이 들어가 애석해하는 얼굴 표정은 코미디언 사진을 갖다 붙였는데, 꼭 이 코미디언이 이 그림의 이 장면을 위해 표정을 지었다 해도 지나치지 않을 만큼 자연스럽다. 그 밑에서 응원하는 두 사람의 얼굴, 골을 넣는 사람의 얼굴 등도 직접 그린다 해도 이보다 잘 표현할 수 있을까 싶다.

〈경마장〉**77**은 한준이가 꾸민 것인데, 재치와 융통성은 말할 것도 없고 색감과 구도에서도 설명이 필요 없을 만큼 잘 만들었다. 이 중에서도 제일 재미있는 부분은 왼쪽 아래에서 무슨 말인가 외치고 있는 말의 모습으로 이는 당근 주스 광고에서 따왔다.

혜원이가 만든 〈공주〉**78**에는 각양각색의 공주들이 등장한다. 주인공인 듯한 고故 다이애나 왕세자비의 다리를 보면 자신이 그려 넣은 가느다란 발이 마음에 들지 않았는지, 도화지 밖으로 튀어나오는 위

그림 78 • **천혜원(5세), <공주>, 종이에 연필·사진·크레파스, 30×54cm**

험을 무릅쓰고 각선미가 훌륭한 다리를 다시 붙였다. 나는 이 부분에 많은 칭찬을 해 주었다. 그러자 혜원이는 도화지 위로 하늘을 더 붙이고 말 탄 여자의 사진을 아예 세워서 붙였다. 오른쪽에 있는 입술 공주나 위쪽에 있는 사자 가면의 공주, 왼쪽 위에 있는 핑크색 드레스 차림의 못생긴 공주는 예쁜 것만 고집하는 이 아이에게 만족감을 주었는지 조금 궁금하다.

〈21세기의 교통수단〉**79**이라는 제목을 붙인 은성이의 작품을 보고, 우리 모두는 은성이의 창의력에 감탄했다. 커피포트 자동차, 컵 자동차, 신발 자동차, 하늘을 나는 우산 자동차, 치약 자동차와 그 위의 안락의자에 앉아 편히 쉬고 있는 사람, 사람 모양의 신호등, 침대를 쭉 이어 붙인 침대 기차 등 은성이가 꿈꾸어 온 새로운 세계가 그림에 들어가 있다. 재미있고 편안한 교통수단을 희망하는 이 아이의 발명품들은 지금의 답답한 교통 문제를 해결해 주는 활력소가 될 것 같다.

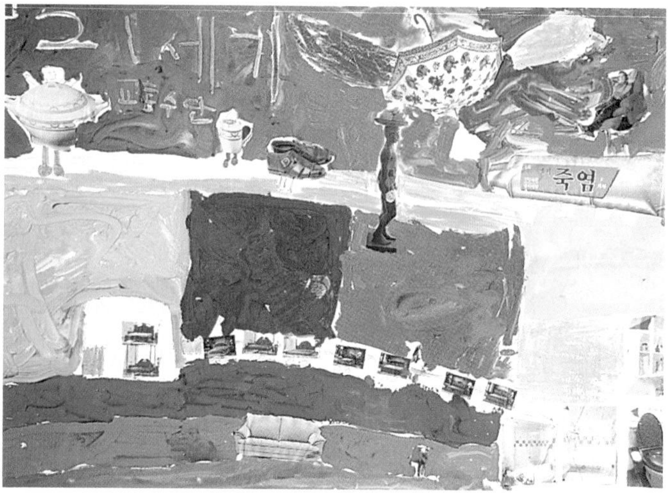

그림 79 • 노은성(7세), <21세기의 교통수단>, 폼 보드에 사진·크레파스·수채, 60×90cm

그림 80 • 장경호(7세), <지구 종말의 날>, 폼 보드에 연필·사진·수채, 90×60cm

은성이의 작품과 대조적으로, 경호의 작품80은 절망뿐인 미래를 담고 있다. 이 아이가 절망적인 미래를 예견한 것은 자신의 눈에 비친 세계가 결코 밝지만은 않기 때문인지도 모른다. 아이들이 어떤 미래를 꿈꾸느냐는 어른들이 어떤 세계를 만드느냐에 달려 있다. 밝고 활기찬 삶을 사는 현재에서는 미래도 역시 밝을 것이며, 지금처럼 경제가 어렵고 힘든 상황에서는 아이들 역시 어두운 미래를 예견할 것이다. 경호가 만든 작품은 아이들에게 꿈을 심어 주기 위해서는 어른들 모두 경각심을 가지고 행동해야 함을 경고하는 듯하다.

자세한 설명을 직접 들어 본 것은 아니지만(경호는 설명하는 것을 좋아하지 않는다), 아래쪽에는 전쟁을 상징하는 이미지들이 있다. 커피를 나르는 로봇은 최첨단으로 문명화된 지상을, 가운데의 하늘로 통하는 문은 지옥과 천국을 넘나드는 통로를 상징한다. 강아지가 들고 있는 알림판에는 인간의 선택을 기다린다는 글이 쓰여 있어 메시지를 전하는 재치가 엿보인다. 가장 위에 붙여 놓은 사진은 파라다이스를 암시하는 듯한데, 경호가 과연 의도하고 붙였는지 아니면 그냥 빈 공간이라 붙였는지 궁금하다. 만화만 그린다고 평소 걱정하던 경호 어머니는 이 작품을 보고 정말 내 아들이 만든 것일까 하고 의문을 가졌다. 누구의 말도 안 듣는 경호의 성격을 잘 아는 경호 어머니는 무척 대견해하는 눈치였다.

수업에 콜라주 기법을 도입했던 나는 아이들의 작품에서 뜻밖의 재치와 융통성을 발견하게 되었다. 이 과정에서 콜라주 기법을 재치 있게 활용하는 이들은 9살보다는 8살, 8살보다는 7살 아이들이라는 사실도 알았다. 이런 현상은 아마도 나이가 들수록 아이들의 사고가 굳어지기 때문일 것이다. 아이들의 사고가 더 굳어지기 전에 잡지를 가지고 콜라주 기법을 이용해 본다면 의외로 아이들의 재치와 융통성도 발견하고 재미있는 결과도 얻으리라 본다.

찰스 다윈은 『종의 기원』에서 "결국 살아남은 종種은 가장 강한 종도, 가장 지적인 종도 아닌, 변화에 가장 유연하게 적응하는 종이다"라고 했다. 우리 아이들이 주인 되는 그 세상에서 유연한 사고는 가장 잘 살아남기 위해 정말로 필요한 능력이 아닐까 싶다.

09

우리도 영화감독이 될 수 있어요

어린아이들을 가르치기로 결심하면서 내가 세웠던 궁극적인 목표는 개성이 강한 아이들을 골라 각자의 뛰어난 부분을 계발시키고, 그 능력을 한데 모아 영화 한 편을 만들어 보자는 것이었다. 방법론 측면에서 제대로 된 체계나 계획을 잡았던 것은 아니었지만, 아무튼 나는 그 목표를 내세우며 엄마들에게 아이를 맡겨 보라고 했다. 당시의 나는 이미 먼 길을 달려온 엄마들에게 자신 있게 내세울 만한 경력을 가진 것도 아니었으며, 그렇다고 남다른 교육 비법을 준비해 놓고 있는 것도 아니었다. 그렇기 때문에 실현 불가능할지도 모르는 약속을 남발할 수밖에 없었다. 그렇지만 그 약속은 내 어깨를 누르는 무거운 짐이 되었다.

내가 그 약속을 내걸었던 것은 영화라는 장르가 다방면의 능력을 필요로 하는 한 번쯤 도전해 볼 만한 매력 있는 분야라고 생각했기 때문이다. 종합 예술로 일컬어지는 영화는 시나리오를 쓰기 위한 문학적 자질은 물론, 음향 효과를 위한 음악적 감각, 화면 하나하나의 구도와 색감을 펼쳐야 하는 미술적 감각 등 여러 방면의 능력을 필요로 한다. 게다가 혼자서는 할 수 없기 때문에 단합된 힘이 필요하며, 그에 못지않게 개성과 창의성도 중요하다.

나는 아이들이 1년 동안 키워 온 실력을 바로 영화 제작을 통해 발휘하게끔 할 생각이었다. 2년이라는 장기 계획을 세우고 그에 따른 실천 항목을 다음과 같이 정리했다.

첫째, 우선 아이들에게 내재해 있는 엉뚱한 생각을 끄집어낸다. 그러기 위해서 계속 엉뚱한 생각을 할 수 있도록 부추기고 그것을 끄집어내는 시도를 해야 했다. 이미 엉뚱하고 새로운 것을 만드는 데 습관을 들인 아이들이라 그리 힘든 일은 아닐 것이라고 예상했다.

둘째, 엉뚱한 생각들로 이루어진 영화 내용을 만든다. 이 과정에서는 아이들 각자의 소설가적인 실력을 믿어 보기로 했다.

셋째, 위 내용에 맞는 그림이나 모형을 만든다. 그림, 콜라주, 찰흙, 폼 보드를 이용한 입체 등 모든 기법과 재료를 동원할 생각이었다. 경우에 따라서는 아이들을 분장시켜 출연하게 할 수도 있을 듯했다. 이 부분은 별로 힘들 것 같지 않았다. 지금까지 쌓아 놓은 능력을 발휘할 기회가 온 것이니, 아이들은 각자에게 맞는 분야를 찾아 즐겁게 진행할 것이었다.

넷째, 각각의 작품들을 이야기의 줄거리와 연관시켜 슬라이드 필름으로 찍는다. 이것 역시 아이들 스스로가 찍어야 하므로 사진 찍는 기술을 익혀야 했다. 결국 가르쳐 보기로 했다.

마지막으로, 슬라이드를 환등기로 상영할 때 필요한 대사나 음향효과 등 부수적인 것들은 그 자리에서 아이들에게 바로 시킨다. 마음에 정해 둔 몇몇 아이가 있었는데, 워낙 연극적인 기질이 뛰어나서 잘할 수 있을 것으로 기대했다.

일단 이 한 번의 시도를 기초로 하여 그다음에는 직접 영화 제작에 들어갈 생각이었다. 다음에 소개하는 내용은 내가 아이들과 애니메이션 영화 제작의 첫걸음을 뗐던 경험담이다.

추운 겨울이 시작될 즈음, 우리는 첫 단계에 들어갔다. 가장 먼저 영화 타이틀(영화에서 영화 제목, 제작진과 출연진 이름 등 각종 정보를 문자로 표시하는 자막을 말한다)을 만들기로 했다. 영화를 만들기 위해 우선 필요한 일이 타이틀을 만드는 것이라고 아이들에게 설명했지만, 아이들은 내 열의와 달리 감이 잡히지 않는다는 표정이었다.

'그래, 처음이라 그럴 거야. 이 아이들은 잘할 수 있어'라고 스스로를 위로하며 다시 한 번 추가 설명을 했다.

"영화 말이야, 영화. 영화를 보면 처음과 마지막에 뭐가 나오니? 제목, 또 제작 누구, 편집 누구, 뭐 그런 거 나오잖아."

아이들은 여전히 맹한 얼굴이었다.

"자, 다시 한 번 생각해 보자. 애니메이션 영화를 보면 뭐가 생각나지? 그래, 제일 중요한 게 내용이지? 그다음에 그 내용을 어떻게 표현할 수 있지? 그림이나 사진이 있어야지. 그러니까 우리가 기발한 내용을 생각해 보고, 그 내용에 맞는 그림을 그려 보는 거야."

30분쯤 생각할 시간을 주었는데도, 아이들은 여전히 내 말뜻을 모르는 듯한 표정이었다. '조금만 더 기다려 보자.' 계속 나를 위로했다. 영화 제작자의 꿈이 깨지느냐, 마느냐의 기로에서 초조함만이 가

열되고 있었다.

"얘들아, 눈 감아! 선생님이 얘기하는 영화 한 편 그려 봐. 자, 적의 요새가 보이지? 안개가 낀 적의 요새, 으스스해. 저 깊숙한 바다 밑바닥에서 적들이 뭔가를 꾸미고 있나 봐. 음산한 음악이 흐르네. 화면이 바뀌면, 어느 연구실에서 수염이 많은 할아버지가 실험을 하고 있어. 그 순간 연구실 문이 열려. 노 박사님! 큰일 났습니다. 해저의 붉은 악마가 행동을 개시했습니다. 그리고 쿵쿵쿵쿵, 여러 명이 뛰어가는 발자국 소리. 출동 준비! 철아! 순아! 가자! 로봇 태권 브이 출동!"

그날 나는 〈마징가 Z〉에 〈붉은 악마〉까지 뒤섞어서 영화 한 편을 뚝딱 연출했다. 이때부터 아이들의 눈빛이 달라지더니 드디어 영화를 만들 용기를 낸 모양이었다. 은성이가 내 이야기에서 영향을 받았는지 '바다 전쟁'이란 제목으로 영화 타이틀을 만들었다. 화면의 오른쪽 중간에는 등장인물들의 대사를 써 놓았는데, 어른 말투를 흉내 내려는 듯이 문장 마지막마다 "~라네"를 붙여 웃음을 자아냈다.

규현이가 만들고자 한 영화 제목은 〈나가라〉인데, 이 제목만으로는 어떤 영화일지 전혀 감이 잡히지 않았지만 제목 자체가 너무나 웃겼다. 주제가의 작사, 작곡까지 이미 끝낸 이 영화는 기상천외한 작품이 될 것 같았다.

경호가 만들고자 한 영화인 〈선과 악〉81은 줄거리가 너무 재미있었다. 다른 아이들보다 드라마틱한 성격을 가졌다는 점은 잘 알고 있었지만, 7살짜리 꼬마가 '선'과 '악'을 구분하고 있다는 점이 대견했고, 어떻게 영화를 만들어 낼지 궁금했다.

9살짜리 꼬마들의 영화 제목을 보면, 정민이의 경우에 〈쥬라기 공원: 잃어버린 섬〉으로 그리 특별해 보이지는 않았다. 첫 장면도 "그

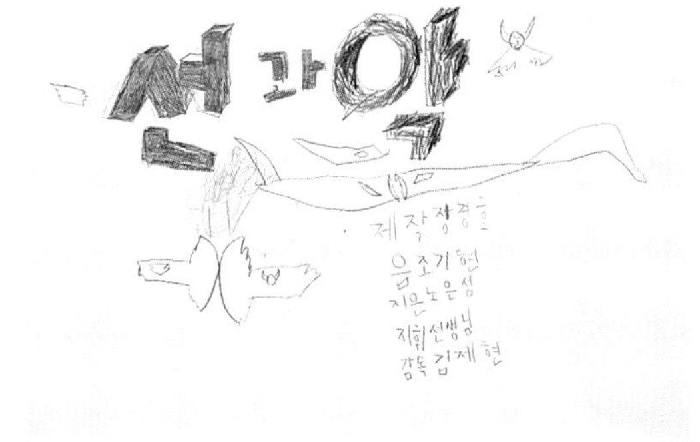

그림 81 • **장경호(7세), <선과 악>, 종이에 연필과 색연필, 30×54cm**

랜트 박사와 새들러 박사, 말콤 박사가 존 해먼드의 초대로 한 섬에 간다"는 스티븐 스필버그 감독의 〈쥬라기 공원〉을 그대로 베꼈다. 이 꼬마의 관심 영역을 너무도 잘 알고 있는 나로서는 새로운 내용을 기대하는 게 오히려 무리일 수 있겠다 싶었다.

한준이의 〈쥬라기 시대: 공룡과의 전쟁〉이나 현정이의 〈혼자 있는 미니〉 등도 7살 아이들에 비해 창의적인 면이 많이 떨어졌다. 여기서도 역시 어린아이일수록 상상의 폭이 넓다는 점이 증명된다. 아이들의 상상의 폭을 넓히기 위해서는 장난감은 단순할수록 좋다는 논리도 아마 그래서인 것 같다.

타이틀 작업을 하면서도 나는 아이들이 영화의 작업 과정에 대해 충분히 이해하고 있는지 걱정되었다. 단순히 겉으로 보이는 영화 장면 하나만을 떠올리며 토막 난 상황을 만들 것이 예상되었기 때문이다. 그렇다면 어떻게 설명하고 이해시킬까를 고민했지만, 나의 걱정은 기우에 지나지 않았다. 아이들이 만들어 놓은 각 영화 장면은 나를 또

한 번 감탄하게 했다.

규현이의 영화 〈나가라〉의 주인공인 '불호'와 '얼호'는 각 장면마다 조금씩 바뀐 위치에 빠짐없이 등장하며 주인공 역할을 충분히 해내고 있었다. 이것은 세준이의 영화 〈쥬라기 공포〉82-85에 등장하는 헬리콥터를 보면 이해하기가 더 쉬울 것이다. 헬리콥터가 조금씩 이동을 하지만 각 장면에 계속 등장한다. 특히 마지막 장면에서 위에서 본 헬리콥터를 표현한 것은 지금까지 우리가 공부해 왔던 실력을 충분히 발휘하고 있어 나에게 큰 기쁨을 주었다. 한준이의 영화 〈등장인물〉은 필요한 대상과 주인공을 섬세하게 묘사하고 있어 이 아이가 영

그림 82, 83, 84, 85 • 김세준(9세), <쥬라기 공포>의 장면들, 종이에 연필과 색연필, 각각 30×54cm

화 제작 과정을 잘 이해하고 있다는 사실을 알려 주었다.

규현이는 영화 상영 전과 중간에 들어갈 〈나가라〉의 광고86를 만들었는데, 영화의 커다란 규모를 예측할 수 있게 했다. 가운데에 있는 달 속에 색다른 디자인을 한 것도 재미있고, 달의 그림자가 우주를 연상시킬 정도로 많은 공간을 담고 있다는 점도 뛰어나게 표현하고 있다. 정민이의 〈뉴스〉 타이틀87에서는 평소에 보인 뛰어난 묘사력과 색감 실력이 그대로 나타나 있는데, 오른쪽 아래에 "SBS 김정민 기자"라는 문구를 써 넣어 재치를 한껏 자랑했다.

그 후 우리는 세 편의 영화를 시도했는데 두 편의 영화는 결국 실패했다. 너무나 많은 노동력이 필요했던 영화 제작 과정은 3분의 1가량을 찍는 데만 6개월의 시간을 필요로 했다. 그래서 결국 포기하고 1년이 지날 즈음에 다시 시도해 보았다. 그런데 이번에는 촬영 과정에 문제가 있는 바람에 화면이 너울너울 춤추는 영상이 되었다. 보고 있으면 멀미를 할 것 같다고 하여, 결국 또 포기하고 말았다. 그리고 또 1년이 지난 겨울, 결국 한준이 친구 경택이가 들어오면서 우리의 숙제는 해결되었다. 경택이 아버지가 영상학과 교수님이어서 도움을 받을 수 있었던 것이다. 작업은 클레이clay 애니메이션으로 하고 촬영은 경택이 아버지가 해 주기로 했다. 어려운 과정 끝에 또 5개월이란 시간을 보내고 우리는 드디어 성공했다. 그 작품은 예술의 전당 전시회 때 상영되었으며 선재미술관에서 주최하는 영상 페스티벌까지 출품되었다.

한 영화감독이 선진국과 후진국의 차이를 언급하면서 21세기의 선진국은 영화나 그 밖의 문화 사업에 많은 투자를 하고, 후진국에서나 자동차를 만들게 될 것이라는 말을 한 적이 있다. 자동차 몇십만

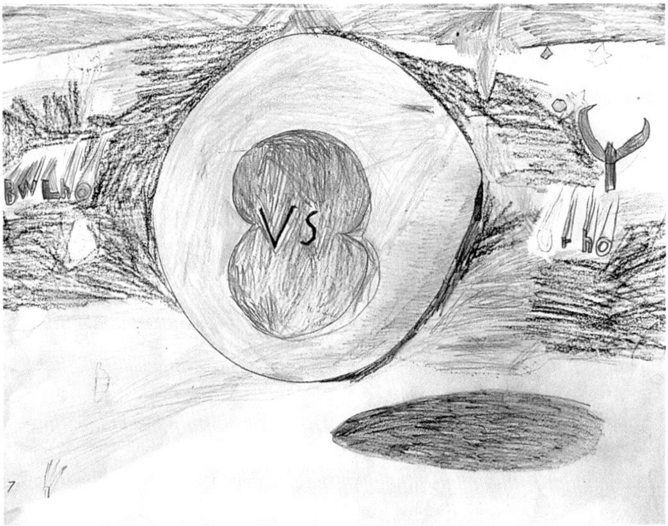

그림 86 • 조규현(7세), <나가라>의 광고, 종이에 연필과 색연필, 30×54cm

그림 87 • 김정민(9세), <뉴스>의 타이틀, 종이에 연필·색연필·크레파스, 30×54cm

대를 팔아야 벌 수 있는 돈을 스필버그 감독은 영화 한 편으로 거뜬히 벌어들인다는 사실을 생각해 보면, 자원이 부족한 우리나라가 앞으로 나아갈 방향이 어느 쪽인지 알 수 있다.

나는 앞에서 영화의 규모에 대해 말하면서 정교한 기술로 만들어진 스펙터클한 영화를 보고 놀랐다고 했다. 내가 이런 영화들을 보고 감탄한 것은 외형적인 부분이었지, 내용은 아니었다. 내용 면에서는 오히려 매우 부족하다고 느낀 적이 많았다. 마지막까지 이어지던 갈등이 어떤 실마리도 없이 단순하게 해결되는 과정은 실소를 자아내기도 했다.

이처럼 기술과 규모 등 외형적인 부분이 뛰어난 영화들, 특히 서구 영화들은 오히려 내면을 움직이는 깊은 울림 등을 담아내는 데 어려움을 겪는 것 같다. 이는 어쩌면 우리와 같은 동양인들이 더 훌륭히 소화해 낼 수 있는 부분이 아닐까? 현대 미술을 대표하는 아니쉬 카푸어Anish Kapoor나 아카데미 감독상으로 빛나는 이안李安 감독이 영국이나 미국이 아닌 인도와 타이완 태생이라는 점은 나에게 큰 희망을 준다. 우리의 가슴속에 깊이 뿌리박힌 동양인의 정신성을 부각시키고 동시에 거대한 규모와 도전 정신까지 갖춘다면 우리의 문화 수준은 한 단계 더 높아지지 않을까 생각해 본다.

10

창의적인 아이는 문제 해결 능력이 뛰어나다

7살 친구들 다섯 명이 육면체를 만들고 있었다.[88] 모두 각자의 방법으로 여섯 개의 네모를 어떻게 붙여야 할지를 놓고 골머리를 앓고 있었다. 평소에 안정을 좋아하던 두 친구(모범생 성향을 가진 아이들로, 이하 '안정적 성향'으로 표시하겠다)는 교사의 도움을 필요로 하고 있었으며, 고집 센 세 친구(이하 '고집 센 성향'으로 표시하겠다)는 여러 방법으로 세 면을 이어 붙이고 있었다. 하지만 고집 센 성향의 아이들은 네 번째 면을 붙일 때면 형태가 일그러지고 마는 문제가 계속되자 짜증을 부리기 시작했다. 그러다 고집 센 성향의 한 친구가 못 하겠다며 포기하고 딴 짓을 하기 시작했고, 두 친구는 묵묵히 같은 과정을 반복하며 땀을 빼고 있었지만 문제를 제대로 풀지 못하는 듯 보였다. 게다가 안정적 성향의 친구들이 교사인 내 도움을 받아 진도를 잘 나가고 있음을 알아

그림 88 • 육면체를 만드는 아이들

차린 한 친구는 내게 도움을 요청했다. 마지막으로 남은 규현이만 여전히 고집을 피우며 문제를 해결하려 했다. 그러나 결국 규현이는 실패했다.

수업이 끝나고 그날의 작업을 학부모들에게 보여 주었는데 그 반응은 짐작대로였다. 안정적 성향의 두 친구는 수업 시간 동안 착실하게 무엇인가를 해냈고 중간부터 안정을 원하던 친구도 약간은 해냈으니, 그 아이들의 엄마들은 다행스러워했다. 일찍 포기하고 딴짓을 했던 친구와 끝까지 혼자 해내고자 했던 규현이만 아무것도 한 게 없어 보였다. 그날 나는 그 엄마들의 무거운 표정을 볼 수 있었다.

그다음 주에도 우리는 육면체 수업을 계속 이어서 했다. 모두 다 열심히 할 것을 엄마와 약속했다며 큰 의욕을 보였다. 안정적 성향의 친구들은 육면체에 그림을 그리고 채색에 들어갔다. 중간부터 교사의 도움을 필요로 했던 친구는 이번에는 처음부터 내 지시를 기다렸다.

그 아이도 안정적 성향이 되어 가고 있었다. 일찌감치 포기하고 딴짓을 하던 친구는 처음에는 내 지시를 기다리는 듯하다가 곧 재미가 없어졌는지 또 딴짓에 들어갔다. 그 아이의 엄마가 이번에도 속상해할 것을 염려한 나는 먼저 아이에게 재미있게 몰두할 수 있는 찰흙 놀이를 제안했다. 끝까지 혼자서 문제를 해결하기 원했던 규현이는 지난주에 엄마에게 혼이 났는지, 계속 육면체 만들기를 해 보자는 내 제안에 난감해했다. 그러나 가까스로 내 제안을 승낙한 아이는 결국 혼자서 해냈는데, 그 해결 방법은 이러했다.

네 번째 면을 붙일 때마다 아이들의 서툰 손놀림 때문에 나머지 면들이 무너졌는데, 규현이는 이를 지탱해 주는 새로운 장치로 우연히 테이프를 찾아냈다. 당사자는 뜻밖에 너무 쉬운 문제 해결 방안에 허탈해하는 것 같았지만, 나는 뛰어난 해결 방법이라고 칭찬을 해 주었다. 그 뒤로 규현이는 계속되는 모든 작업을 혼자 해결하고자 했고 어려운 문제에 더 높은 관심을 보이며 해결점을 찾고자 노력하며 커갔다.

그리고 몇 년 뒤, 비행접시[89]를 만들기로 한 날이 왔다. 그날은 5학년 친구인 정민이와 그 사촌이 함께 수업을 받기로 했다. 정민이 사촌은 학교에서 영재라고 불린다던 아이였다. 그리고 혼자서 문제 풀기에 익숙한 규현이가 어느덧 9살이 되어 수업에 함께했다. 아이들은 시합을 원했고 나도 은근히 그것을 기대했다. 정민이와 사촌이 함께 한 작품을 만들겠다고 했고, 규현이는 혼자 하겠다고 해서 각 팀에 폼 보드를 두 장씩 주었다. 정민이 팀에서는 직각자와 1미터의 긴 자를 사용했고, 정확한 치수와 제도에 필요한 기호들을 활용하고 있었다.[90] 나는 이들이 이등변삼각형을 힘들지만 정확하게 제도하는 모습

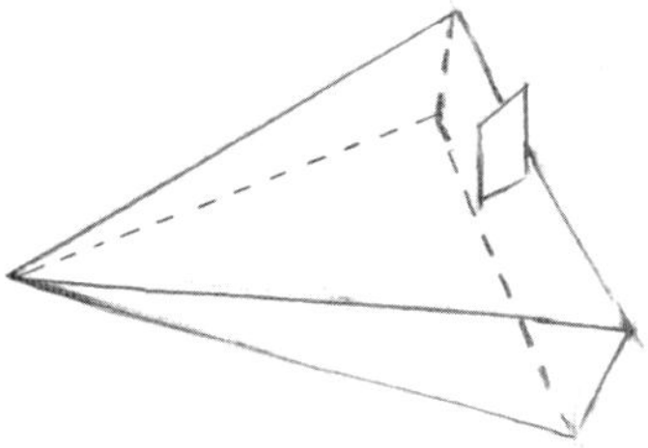

그림 89 • **비행접시 투시도**

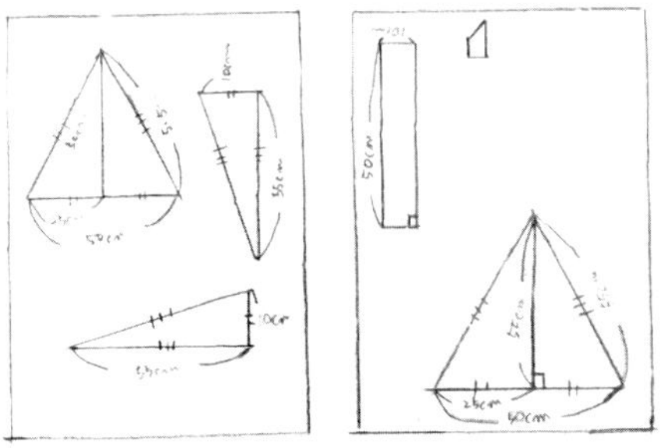

그림 90 • **정민이 팀이 제도한 비행접시 도면**

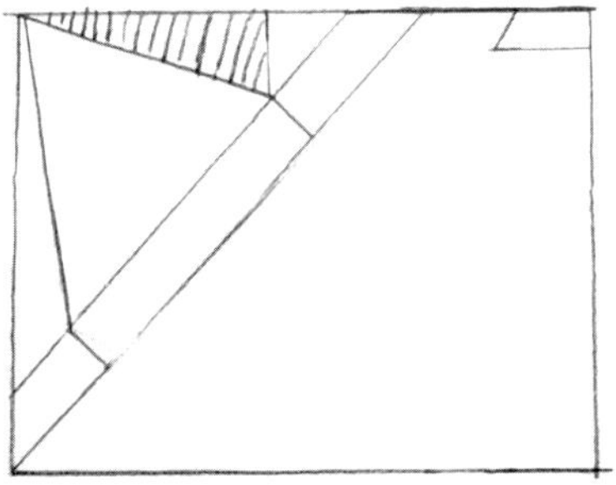

그림 91 • **규현이가 제도한 비행접시 도면**

얼핏 보면 정민이 팀의 도면에는 치수가 정확히 쓰여 있는 반면, 규현이의 도면에는 치수가 쓰여 있지 않아 어딘지 허술해 보인다. 그러나 실제로 작업하기에는 규현이의 도면이 훨씬 능률적이다.

에서 영재의 능력을 실감했다. 하지만 각 도형들을 2장의 폼 보드에 나눠 그리는 모습에서는 약간 실망도 했다. 이들은 2장의 폼 보드를 망쳤고 3장의 폼 보드를 더 필요로 했다. 규현이의 도면[91]은 제도에 필요한 기호를 모르기 때문에 어설픈 선들을 나열한 듯이 보이지만, 자세히 보면 훨씬 능률적인 제도임을 알 수 있다. 폼 보드의 모서리를 이용해 삼각형의 몸체를 만들었고 그 밑면도 삼각형과 연결된 상태로 도안해 기본 틀을 1장의 폼 보드 안에서 모두 해결했다. 옆면도 삼각형의 한 변과 연결된 상태로 그려 굳이 치수를 재지 않고도 오차가 없도록 했다. 게다가 규현이는 제작 당시는 2장을 붙여서 작업했지만 1장의 본으로도 충분했다는 것을 나중에 알게 되었다고 했다. 규현이는 제도는 물론 실제 작품까지 훨씬 빠르고 정확하게 완성했고, 정민이와 사촌은 많은 오차와 서툰 칼질로 인해 작품을 미완성 상태로 집에 가져가야 했다.

비슷한 또 다른 예도 있다. 그날 수업에서는 6살 꼬마들이 육면체에 핀을 박고 있었다. 두 친구는 핀을 적당한 간격으로 박았고 다른 세 친구는 그보다는 촘촘히 박고 있었지만, 모두 다 자신의 것에 만족했고 그것을 본 엄마들도 만족했다. 다음 주에 우리는 자동차를 만들기로 했지만 그러기 위해서는 핀 박기를 계속해야 했다. 처음에 착실하게 핀을 박던 친구들은 서서히 다른 방법을 개발하기 시작했다. 순서대로 쭉 이어서 박는 친구가 있는 반면, 양쪽을 오가면서 박기도 하고, 몇 개의 핀을 대충 꽂아 두고 한꺼번에 망치로 내리치는 친구도 있었다. 그다음 주에도 나는 자동차 작업을 이어서 하기로 마음먹었다. 하지만 지루하게 계속되는 핀 박기 작업에 싫증을 느낀 친구들이 있어 그 아이들에게는 찰흙을 주었다. 한 친구만이 계속 자동차를 만들기 원했는데, 그는 핀을 박는 새로운 방법을 개발하고 있었다. 무엇보다 자동차를 갖고 싶었던 이 친구는 결국 자동차를 완성했다. 망치 대신 밑면적이 넓은 굳은 찰흙 덩이를 이용해 2, 3개의 핀을 동시에 내리치는 방법으로 빠르게 자신이 원하는 것을 가질 수 있었다.

그나마 다행스러운 점은 6살 친구들에게서는 안정적 성향이 나오지 않았다는 것이다. 당시에 엄마들은 나에게 다른 프로그램을 정중히 요구하기도 했는데, 싫증을 느낀 아이들이 이곳에 오기 싫어할까 봐 가슴이 두근거린다는 진심을 농담처럼 하며 웃었다. 창의적인 아이들은 엄마들이 고민하는 문제를 새로운 방법의 개발로 극복하고 있었는데도 말이다. 창의력은 성공과 실패를 거듭하여 얻게 되는 것이다.

그렇다면 순종적인 아이들은 왜 창의적이지 못할까?

6세에서 잘 나타나지 않던 안정적 성향은 7세 즈음부터는 현저하게 많아진다. 위에서 열거했던 6세 친구들도 대부분 결국은 안정적 성향의 아이가 되어 갔는데, 나는 가끔 이들이 처음부터 안정적 성향이 아니었음을 잊고는 한다. 물론 아이들을 가르치는 교사의 입장에서야 안정적 성향보다는 오히려 그 반대를 바라고 있지만, 부모들의 요구와 바람을 누구보다 잘 아는 엄마의 입장에서는 아이들의 안정적 성향을 다행으로 여기기도 한다. 그럼에도 스스로에게 묻는 질문은 그치지 않는다. 책상에 반듯하게 앉아 교사의 다음 지시를 기다리는 아이들, 특히 9세부터의 아이들에게 어떠한 문제를 주어야 하는지, 그리고 그 문제를 해결하려 들지 않는 아이들, 사실은 어떻게 하는 것이 해결하는 방법 및 태도인지도 모르는 이 아이들에게 어떠한 자극을 주어야 하는지, 그리고 아무것도 하지 못한 날의 수업을 엄마들에게 어떻게 설명해야 하는지…….

그런데 결국 나는 포기했다. 그래서 한때, 그저 많은 것을 가르쳐 보기로 했다. 매주 새로운 프로그램으로 아이들의 실력을 단련시키고자 했다. 새로운 효과로 인한 재미에 아이들은 좋아했고, 아이들의 늘어 가는 실력은 엄마들을 만족시켰다. 그 당시가 학생들의 수가 가장 많이 늘었던 시기였는데, 모두가 만족스러운 시간을 보내고 있다는 증거이기도 했다.

하지만 나는 늘 부족한 것을 채우지 못하는 교사였다.

그렇게 3년 정도가 지났고, 그 시간 동안 안정적 성향의 은성이는 많은 것을 배웠다.

그리고 5학년 아이들의 수업이 있던 어느 날이었다. 나는 아이들에게 마블링이란 기법을 가르치고 있었다. 그리고 그 위에 다른 표현을 추가시키기로 했다. 신비로운 느낌을 주는 마블링 위에 아이들은 여러 의도를 덧붙였는데, 재미있는 표현들이 제법 많이 나왔다. 그중에 가장 인상 깊던 작품은 은성이의 것이었다. 은성이는 소용돌이를 연상시키는 마블링의 바탕 위에 연필 소묘로 그린 독수리 그림을 오려 붙이고 그 옆에 핀으로 화살을 만들어 붙인 뒤, 마지막에 '동물 보호'라는 입체 글씨를 멋지게 썼다(이 작품을 학교 숙제로 가져가는 바람에 사진을 찍어 두지 못한 게 아쉽다). 은성이는 배워 왔던 많은 기술들을 결합해 기발한 작품을 탄생시킨 것이다. 이때부터 은성이는 그동안 단련한 기술들을 응용하기를 즐겼는데 성공과 실패를 거듭하며 창의력을 키워 나갔다. 이 아이를 통해 숙련된 기술로 얻은 여유가 창의력을 키워 주기도 한다는 중요한 사실을 알게 되었다.

나는 '창의력은 무엇'이라고 딱 잘라 말할 자신이 없다. 하지만 급

속도로 변하는 시대에 사는 이상, 창의력은 아무리 강조해도 지나치지 않은 능력인 게 틀림없다. 하물며 우리 아이들이 주인 되는 그때는 또 어떠한 능력이 요구될까?

01 창조는 자유로운 사고에서 출발한다

02 여유 있는 엄마의 태도가 아이의 순수함을 지켜 준다

03 교사에게도 융통성은 필요하다

04 특성에 맞는 분야를 할 때 개성을 발휘할 수 있다

05 꿈을 담아 줄, 그런 곳을 만들어 주고 싶다

chapter

03

꿈이 있는 아이로 키우기

01

창조는 자유로운 사고에서 출발한다

학교에서 상당히 주목을 받는 모범생이라는 아이를 소개받고 흐뭇해 한 적이 있다. 모범생을 가르치는 일은, 아이들을 가르쳐 본 사람이라면 누구나 공감할 수 있듯이 무엇보다 편하고 수월하다.

처음 이 아이에게 내가 즐겨 쓰는 재료인 폼 보드를 주면서 무엇이든지 만들어 보라고 하자, 아이는 주변에 있는 상자를 응용하면 되지 않겠느냐고 반문했다. 그래서 나는 우선 상자를 만들어 보자고 제안했다. 아이는 어느 세월에 상자를 만드느냐며 그냥 있는 상자를 가지고 하면 훨씬 편하다고 나에게 정중히 가르쳐 주었다. 쓰던 상자는 이미 형태를 갖추고 있으니 우리가 만들고자 하는 형태에 어울리는 재미있는 상자를 만들어 보자고 하자, 그제야 마지못해 수긍하는 눈치였다.

폐품을 이용한 학습법과 관련해, 대학교 때의 은사님 한 분이 생각난다. 그 은사님은 우리의 낮은 창의력을 한심하게 생각하며 이런 말씀을 하셨다.

"너희들이 미술 선생이 되면 제발 아이들에게 폐품 좀 주지 마라. 아이들에겐 좋은 재료로 자유롭게 작품을 만들어 낼 권리가 있는 거야!"

그때는 나와 거리가 먼 말처럼 들려 흘려버렸지만, 지금 생각하면 백 번, 천 번 수긍이 간다. 아이들은 무에서 유를 만들어 낼 수 있는 아주 굉장한 가능성을 가지고 있다. 폐품을 이용한 작품이란 말이 좋아 그렇지, 아이들의 사고를 얼마나 한정시키는지 모른다. 가령 상자가 주어지면 그 상자만을 이용해야 하기 때문에 머리를 쓰는 폭이 그만큼 제한된다. 전제가 주어진 문제만이 아니라 무엇이든 자유롭게 상상하고 창조하는 쪽으로도 아이들의 두뇌를 발전시키는 게 바람직하지 않을까 싶다. 이런 면에서 92세의 나이까지 작품의 변신을 꾀했던 피카소의 삶의 방식과 다음의 말은 어린아이들에게 좋은 본보기가 될 것이다.

> 나에게 있어 작품 하나하나는 연구다. 나는 자서전을 쓰듯이 그림을 그린다. 그림에 있어서 진보란 말은 없다. 있다면 변화가 있을 뿐이다. 화가가 일정한 틀에 구애되는 것은 바로 죽음을 의미한다. 일정한 틀의 파괴, 이것이야말로 오늘날의 화가가 할 일이다.

미술을 잘 몰라도 피카소는 안다는 말이 있을 정도로 피카소와 그의 작품은 유명하다. 그렇지만 피카소는 너무나 방대한 작업을 했기 때문에 화가 자신도 스스로의 작품 세계를 일목요연하게, 어느 하나의 사조로 설명하지 못한다. 그것은 그가 긴 생애 동안 어느 한곳에 편안하게 안주하기를 원하지 않았으며, 새로운 것을 추구하기 위해 부단히 노력했기 때문이다. 피카소는 과거를 거부했고 과거의 낡은 이미지를 파괴했기 때문에 현대 미술가를 대표하는 우상이 된 것이다. 피카소와 같이 변화와 파괴를 전제로 한 도전적이고 진취적인 정신은 미술 분야에서만 요구되는 것이 아니다. 피카소가 말했듯이 '일정한 틀의 파괴'야말로 아이들이 꼭 가져야 할 사고라고 말하고 싶다.

아이에게 한 번 주입된 고정 관념은 빠른 속도로 사고의 틀을 형성한다. 가령 집을 그릴 경우에 집이란 사각형과 삼각형 모양으로 이루어져 있다는 관념을 주입하게 되면, 자기가 알지 못하는 원으로 된 집을 보면 부정하거나 그런 집을 상상할 엄두도 내지 못한다. 프랭크 게리Frank Gehry가 설계한 〈빌바오 구겐하임 미술관〉92은 그 명성만큼

그림 92 • **프랭크 게리, <빌바오 구겐하임 미술관>, 1997년, 스페인, 빌바오**
© MyKReeve

이나 거대하고 파격적이다. '건물은 육면체로 이루어졌다'는 우리의 고정된 틀을 깨트린 좋은 예이기도 하다. 나는 아이들이 이런 건축물을 대한다면 집을 어떻게 그릴지 궁금했다.

〈21세기 연구소〉93는 〈빌바오 구겐하임 미술관〉의 사진을 참고하여 5살과 7살 아이들이 만든 건물이다. 나는 아이들에게 빌딩이 반드시 육면체일 필요는 없으며, 지금까지 보아 왔던 기존의 건물 모습을 머릿속에서 지워 버리고 새로운 것을 만들어 보라고 주문했다.

우선 종이에 건물 모양을 스케치하게 했다. 항상 그래 왔던 것처럼 은성이가 제일 먼저 디자인했다. 기존에 있는 컴퓨터 모형을 베껴 그 속에 극장과 도서실 등을 그려 넣고 '컴퓨터 교실'이란 제목을 붙

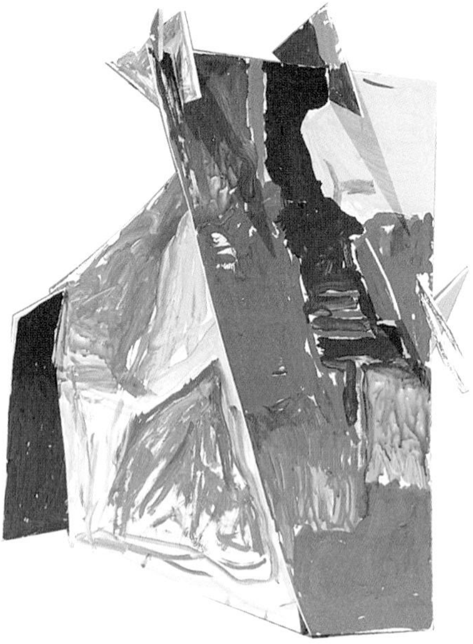

그림 93 • 조규현 외 5명(5, 7세), <21세기 연구소>, 폼 보드에 수채, 55×30×30cm

였다. 나는 은성이 작품을 보고 "훌륭한 디자인이긴 하지만 컴퓨터 모양이 기존에 있던 것과 같네. 조금만 더 생각하면 훨씬 멋진 것이 되겠다"며 한 번 더 생각해 보기를 권유했다.

다음으로 경호가 자동차 모양으로 된 건물을 그렸는데, 이것 역시 기존에 있던 모양이라는 점에서 조금 아쉽다고 말해 주었다. 그제야 눈치가 빠른 규현이가 삐뚤삐뚤한 마름모꼴로 이루어진 기하학적인 건물을 스케치했다. 아이들 모두가 그런 모양으로 건물을 만드는 데 찬성했다.

색칠은 5살 아이들에게 맡겼다. 그 이유는 7살 아이들보다는 고정관념이 덜 형성된 5살 아이들이 자유로운 사고로 그리는 데 좀 더 수월하리라 기대했기 때문이다. 아이들은 입체로 선 기하학 모양의 연구소를 보고 신기한 느낌을 받은 것 같았다. 이날부터 아이들은 빌딩을 즐겨 그렸는데, 타원형도 나왔고 공룡 모양도 나왔다. 나는 이것을 입체로 만들 수 있을지 꼭 검토해 보라고 시켰다. 그것은 아이들이 엉뚱한 아이디어에서 그치지 않고 구조적인 문제까지 사고하는 능력을 키우기를 원해서였다.

21세기 교통 문제를 어떻게 해결할지에 대한 토론이 있던 날이었다. 내가 이러한 주제를 주었던 것은 재미있는 자동차를 직접 만들어 보기 위해서였는데, 내 의도와는 다르게 토론만 길어졌다. 예상했던 대로 '하늘을 나는 자동차'에 대한 이야기가 주를 이룰 즈음, 세준이가 철사로 만든 자동차를 생각해 냈다. 이 자동차는 교통 체증이 심한 곳에서는 접어서 가방에 넣을 수도 있다고 했다. 철사 자동차는 내가 애초에 내놓았던 문제도 쉽게 해결해 줄 뿐 아니라 철사를 이용하기 때문에 재미있는 여러 모양으로 만들어질 것처럼 보였다. 화제가 혹시

라도 다른 곳으로 옮겨 갈까 봐, 내가 중간에 잠시 끼어들어 아주 좋은 생각이라고 부추겼다. 그런데 한준이가 반대하고 나섰다. 철사 자동차 안에 어떻게 엔진과 같은 동력 장치가 들어가느냐는 것이었다. 게다가 접을 수 있을 정도면 더욱 불가능하다고 했다. 일리 있는 지적이었지만, 나는 모형이 만들어지는 것을 보고 싶은 마음에 세준이의 참신한 의견에 동의를 나타냈다.

"철사로 자동차를 만들 수 있는 시대가 되면, 엔진 정도는 없어도 자동차가 갈 수 있을 거야."

하지만 아무도 내 편을 들지 않았다. 세준이조차 자신의 생각이 좀 엉뚱했다고 인정했다. 나는 철사로 만든 재미있는 자동차를 보고 싶었지만, 아이들의 논리에 조용히 있기로 했다. 똑똑한 아이들은 이처럼 논리를 갖춘 파격을 추구한다.

일정한 틀의 파괴, 주어진 전제에서 벗어난 새로운 것의 창조는 자라나는 아이들이 누릴 수 있는 혜택이다. 또 어른들에게는 아이들이 마음대로 자유로운 사고를 펼칠 수 있도록 도와주어야 할 의무가 있다.

02

여유 있는 엄마의 태도가 아이의 순수함을 지켜 준다

내가 아이들을 모집하기 시작한 지 이틀째 되던 날, 성격이 꽤 급해 보이는 학부모가 찾아왔다. 처음 맞는 손님이라 어떻게든 그 엄마를 설득해 아이를 가르쳐 보려고 내 나름의 교육 방향에 대해 열심히 설명했지만, 아이 엄마에게는 방향 따위가 그리 중요하지는 않았던 모양이다. 자신이 그동안 아이를 위해 어떤 투자를 했으며 어떻게 교육해 왔는지를 장황하게 설명했다. 그리고 자기가 명성 있는 학원은 다 찾아다녔다는 자랑과 함께 유명한 학원 강사 아무개를 아느냐고 물었다. 그 학원 강사는 한 달에 한 번 아이의 그림을 가지고 상담을 하는데, 아이를 직접 가르치는 것도 아니면서 그림만 보고 아이 아빠의 직업을 정확하게 알아맞힌다고 했다.

나의 첫 손님은 그렇게 허망한 말만 남겨 놓고 가 버렸다. 그날 일은 마치 앞으로 내게 닥칠 문제들의 복선처럼 느껴져, 나는 한동안 허탈감을 감출 수 없었다.

그다음 주에 드디어 아이를 만날 수 있었다. 아이는 많은 돈을 투자한 만큼 훌륭하지는 않았지만, 그렇다고 우려할 만큼 문제점을 많이 안고 있는 상태도 아니었다. 그런대로 제법 개성 있는 그림을 그려 일단 아이를 가르쳐 보기로 했다. 나의 가르침에 따라 아이는 자기만의 개성이 담긴 그림을 그려 나갔고, 나 역시 이런 모습에 흐뭇했다. 그러던 어느 날, 아이 엄마가 찾아와 또다시 나를 허탈감에 빠지게 했다.

"선생님, 가을에 미술 대회가 있어요. H대 앞 ○○학원에 한 달만 다니면 그 효과를 금방 볼 수 있다고 해서……" 하며 미안한 듯이 말을 끝맺지 못했다. 아이를 위하는 부모의 심정이야 이해할 수 있었지만, 부모의 욕심만 앞세운 그 엄마의 태도는 허탈하다 못해 슬프기까지 했다.

또 내 작업실을 찾았다가 아이를 보내지 않았던 한 엄마는 아이들이 그려 놓은 그림을 보고 학교에서는 바탕색을 칠하지 않으면 안 된다며 중요한 것은 미술 과목 점수라고 했다. 초등학교 때부터 성적에 짓눌려 살아야 하는 아이들과 부모의 모습이 못내 안타까웠지만, 강박 관념에 선뜻 아이를 맡기지 못하는 그 엄마에게 내 포부를 설명하기에는 역부족이었다.

지금 우리의 교육 현실은 아이들이 세상의 아름다움을 채 맛보기도 전에 성적에 짓눌려 살아가도록 되어 있다. 엄마들의 조급한 마음에서 비롯된 과열된 교육열이 그만큼 아이들의 순수함을 망가뜨리는 것은 아닌가 싶다.

우리가 흔히 천재라고 하는 아이들을 보면 평범한 아이들보다 학습 과정을 빨리 거치는 경우가 많다. 사실 나는 그런 천재들이 성장해서도 뭇사람들의 기대만큼 그 능력을 발휘할지 의심스럽다. 7살짜리 아이가 3차 방정식을 풀고, 8살짜리 아이가 한문을 줄줄 읽는 것이 바람직한 교육이라고 할 수 있는지 반문하고 싶다.

아이들은 성장에 따라 받아들이는 정도가 다르다. 그렇기 때문에 시기에 맞는 교육 단계가 있는 법이다. 우선 아이들이 자신의 마음을 표현할 수 있도록 해 주는 것이 필요하다. 아이들은 흔히 자신의 마음속에 있는 생각이 외부의 그 무엇에 의해 자극을 받았을 때 그것을 그림으로 표현한다.

아이들이 그림을 막 그리기 시작할 즈음에 공통적인 주제는 엄마나 아빠다.**94, 95** 이 시기에 가장 강하게 그 존재를 느끼기 때문이다. 그다음으로는 주로 자동차나 꽃에 관심을 보이고, 글을 배우기 시작할 즈음에는 모음, 자음, 알파벳 등에 주목한다.**96** 모양이라는 것을 알

그림 94 • 천혜원(4세), <엄마 얼굴>, 종이에 크레파스, 30×30cm

그림 95 • (좌)최재용(4세), <엄마와 아빠>, 색지에 크레파스, 30×54cm
아이들이 그림을 그리기 시작할 즈음에 자주 등장하는 공통 주제는 엄마나 아빠다. 이 시기에 가장 강하게 느끼는 존재이기 때문이다.

그림 96 • (우)천혜원(4세), 종이에 크레파스와 사인펜, 30×54cm
엄마, 아빠 다음으로는 자동차나 꽃, 글을 배우기 시작했을 경우는 모음, 자음, 알파벳 등이 대부분의 공통 주제다.

기 시작하는 이 단계부터 비로소 '미술'이라는 분야에 들어간다고 할 수 있다.

이렇게 아이들에게는 자신의 색감을 만들고 관심 대상을 형태로 포착하기 전의 시기, 즉 타고난 감성대로 솔직하게 표현하는 순수한 시기가 있다. 이 시기는 아이마다 다르기 때문에 알아내기가 쉬운 것은 아니다. 그렇지만 좋은 그림을 그릴 수 있는 아이의 감성은 이 시기를 얼마나 순수하게 오랫동안 지켜 주느냐에 달려 있다고 본다.

그러나 대부분의 엄마들은 아이의 순수한 감성을 지켜 주려고 노력하기보다는 이때부터 사물의 형태를 가르치려고 애쓴다. 자동차는 이렇게 그리고, 호랑이는 이렇게 만들라고 가르치며 그것이 매우 중요한 일인 것처럼 생각한다. 이러한 '예'들은 순수한 아이들의 머리에 하나의 상으로 고정되게 된다. 또 흔히 부모들은 아이가 삐뚤삐뚤한 동그라미를 그려 놓고 "차, 차야" 하고 말하면 "무슨 차가 그러니?" 하며 오히려 핀잔한다. 무심코 던지는 이 말 속에는 아이의 상상력보다는 기교가 중요하다는 암시가 들어 있다. 무엇보다 엄마들에게 요구되는 것은 아이의 입장에서 아이의 시각으로 여유를 가지고 보아야 한다는 점이다.

그림 97 • **이지원(4세), 폼 보드에 크레파스와 수채, 90×60cm**
아이들마다 타고난 감성대로 순수하게 표현하는 시기가 있다. 이 시기를 얼마나 오랫동안 지켜 주느냐에 따라 아이의 감성이 달라진다.

지금까지 여러 아이들을 가르치다 보니 내 기대치에 못 미치는 아이들도 많이 만났다. 이런 아이들은 대부분 여러 학원을 다니는 경우로 지극히 수동적이다. 일방적인 가르침만 받아 온 탓에 책상에 앉아 시키는 대로만 하면 편안하게 시간을 보낼 수 있다는 것을 아이 스스로 깨달았기 때문이다. 또한 아이의 머리로 수용할 수 있는 한계를 넘어선 지식량 때문에 아이 스스로 하고자 하는 의욕을 포기해 버렸기 때문이다. 그 상태에서 좋은지, 싫은지조차 판단하지 못하고 친절한 교사나 친구들에 따라 참여 동기를 결정했던 것이다.

대부분의 아이들이 보이는 이러한 특성에 크게 실망하고 있을 즈음 경호를 만나게 되어 너무 반가웠다. 경호는 처음부터 다른 아이들과는 다르게, 교사인 내 존재는 아무런 상관도 없다는 듯이 입으로 음향 효과까지 내며 로봇에만 몰두했다. 그 모습을 옆에서 보고 있던 경호 어머니는 창피해하며 이곳까지 찾아오게 된 동기가 바로 여기에 있다고 했다.

"도대체 다른 것은 그릴 생각을 안 합니다. 하루 종일 만화만 그려요. 내년이면 학교에 들어가야 하는데……."

나는 그런 경호가 너무나 마음에 들었지만 경호 어머니는 이런 내 생각에 얼떨떨해하며 서둘러 아이를 데리고 가 버렸다. 때마침 규현이와 은성이에게 어울릴 친구를 찾고 있었던 나는 경호가 적격이라는 생각이 들어 경호 어머니에게 전화를 걸어 1시간 넘게 설득을 했다.

마지못해 아이를 보낸 경호 어머니는 그 후로도 계속해서 "선생님, 제발 경호가 만화 좀 그리지 않게 해 주세요" 하고 부탁을 했지만, 나는 괜찮다며 안심을 시켰다. 경호의 만화는 그 나름대로 개성을 지니고 있었다. 게다가 아이의 관심 대상이 바뀌기 쉽지 않다는 것을 알고 있었기 때문에 오히려 엄마가 포기하는 쪽이 빠를 것이라고 충고해 주었다.

경호 어머니와 마찬가지로 대부분의 엄마들은 아이가 좀 더 풍부한 경험을 그림에 담기 바랄 것이다. 바닷가도 그리고, 놀이터, 동네 시장도 그리기를 원할 것이다. 하지만 아이가 현재 가지고 있는 관심 대상을 바꾸려면, 이보다 더 큰 감동이나 강렬한 느낌, 또는 반복된 경험이 있어야 한다.

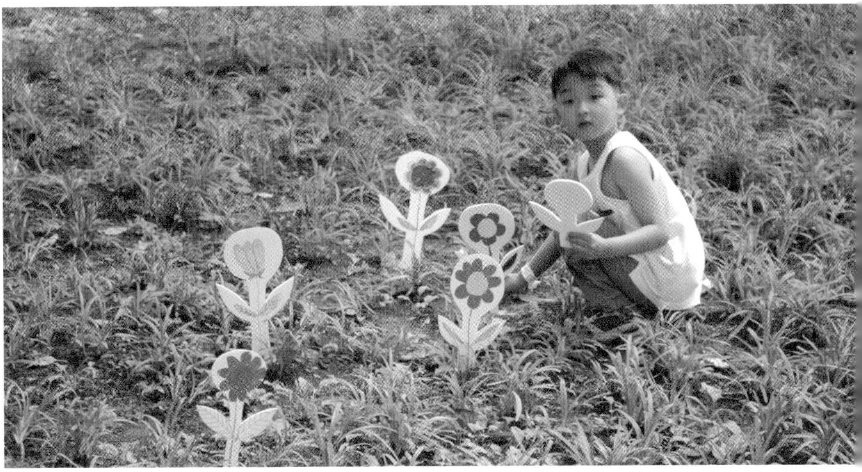

그림 98 • **자신이 만든 꽃을 땅에 꽂는 아이**
아이를 개성 있게 키우고 싶다면 많은 것을 경험하게 해 주어야 한다.

내 아이가 개성 있고 창의력이 뛰어나기를 원한다면, 풍부한 경험과 자세히 관찰하는 태도, 감동을 느끼는 따스한 마음, 그것을 의욕적으로 표현하는 자신감을 심어 주는 것이 필요하다. 한 달에 한 번 정도 음악회나 박물관, 농장, 동물원, 극장 등에 가서 아이가 직접 경험할 수 있도록 한다면 한 권의 책을 읽는 것보다 더 좋은 공부가 될 것이다. 그리고 무엇보다 엄마의 여유 있는 태도가 필요하다. 엄마가 여유를 가지고 아이가 커 가는 것을 지켜볼 때 아이의 순수함은 그만큼 오랫동안 지켜질 것이다.

03

교사에게도 융통성은 필요하다

한참 전의 일이다.

한 엄마가 "우리 아이는 수업에 몇 번 빠져서 비행기를 못 만들고 그다음으로 그냥 넘어갔어요"라며 걱정을 했다. 그래서 지금은 무엇을 만들고 있냐고 했더니 로켓이라는 것이다. 내가 보기에는 비행기와 로켓 중간쯤의 형태를 만들고 있었는데, 진도가 중요한 엄마의 눈에는 로켓으로 보였겠지 싶었다.

우리 작업실에는 진도라는 것이 없다. 편의를 위해 쉬운 모형부터 들어가는 것이지, 그것을 놓쳤다고 다음 수업에 지장이 있는 것은 아니다. 이곳에서 처음 하는 것이 육면체 만들기인데, 전개도를 쉽게 이해시키고자 모든 아이들에게 이 과정을 거치게 한다.

그런데 몇 명이나 이 전개도를 이해하고 넘어갈까? 8, 9세 나이가 되면 이해하겠지만, 어린 친구들은 그냥 그런가 보다 할 것이다. 그래도 다음 단계인 비행기를 만드는 데는 지장이 없다. 비행기를 만들면서도 전개도를 그리지만 그 또한 다 이해하지는 못한다. 그리고 이해하지 못해도 그다음 집 만들기를 한다.

붓을 한 번도 다루어 보지 못한 학생이 중간에 들어간 수업에서 붓으로 그림 그리는 것을 했다. 엄마는 걱정을 많이 했지만 아이는 호기심이 가득한 눈빛으로 다른 친구의 것을 훔쳐보며 더 열심히 했다.

미술에는 누가 더 잘하느냐의 잣대가 없듯이, 그렇게 우리의 수업은 앞뒤 없이 이어지고 있다. 아이들은 왕성한 표현과 좋은 감각을 익히기 위해 열심히 창작에 임한다.

가끔 진도를 포함한 체계적인 교육 과정에 대한 질문을 받는다. 그런데 과연 미술에서 체계적인 과정이란 게 있을까? 미술대학을 나온 내 입장에서 생각해 봐도 결론은 같다. 입시를 위해 데생이나 수채화를 체계적으로 공부했던 적이 있기는 하지만, 그것은 오래전인 내가 대학에 들어갈 때의 일이다. 지금은 입시 제도도 많이 바뀌었고 더욱이 아이들의 미술에 체계라는 말은 어울리지 않는다. 체계 없이 계속 만들고, 그리고, 자신의 작품을 보고 만족하고 아쉬워하면서 표현 욕구를 키우는 것이다. 가끔 전시회와 출판을 통해 성취감을 가져 보면서, 아이들은 다시 그리고 만든다. 습관적으로 그렇게 하다 보면 붓질도 능숙해지고, 묘사력도 생기기 마련이다. 서툴렀던 칼질도 세련되게 할 수 있고, 멋있는 빌딩의 설계도 하고, 그것을 만들면서 분석 능력도 키우고, 가을이면 풍경화도 그려 보고……. 그렇게 크기를 바라는 것이다.

5, 6세 아이들과 함께하는 작업 시간은 재미있다. 고정 관념이나

규격화된 틀이 없이 자유롭고 때로는 엉뚱한 표현들은 나를 절로 웃음 짓게 한다. 그러나 9세쯤 되는 아이들이 만들어 내는 작품은 시시하리만치 재미가 없다. 서툰 부분은 없어지지만, 그렇다고 능숙하거나 세련되지도 않은 손놀림은 종종 유치한 작품을 만들어 내기 때문이다. 이때부터 교사들은 아이들에게 창의적인 능력을 심어 주려 하기보다는, 진도를 쉽게 나갈 수 있고 미술적 능력이 빠르게 나아지는 것처럼 보이는 기술을 가르치는 편을 택한다. 기술을 결코 무시하는 것은 아니지만, 그 기술이라는 것을 수채화나 데생으로 한정시키면서 문제는 시작된다. 기술과 함께 나란히 발전해야 할 창의력이 기술의 강조에 밀려 소홀해지면서 아이들의 작품 세계는 편향적이고 기교적인 모습으로 흘러가는 것이다.

물론 기술과 창의성 어느 것에도 치우쳐서는 안 된다. 이 둘을 조화시키는 교육 방법의 개발이 절실히 필요하다. 예를 들어, 영화를 생각해 보자. 영화는 특정 주제로 시놉시스를 만들고, 그것을 바탕으로 창의적인 시나리오를 꾸미고, 그 내용을 필름에 담는다. 미술의 경우에 그림을 잘 그리지 못하는 친구는 우선 그림 연습을 해야 한다. 창작과 어우러진 기술을 습득해야 하는 것이다. 꾸준히 연습을 하다 보면 처음 의도대로 그리고자 한 것을 그려 낼 수 있을 것이다. 그 뒤에 영화처럼 그림에서도 콘티를 만들고, 창의적인 자신의 생각을 담아낸다.

나는 아이들을 가르치는 데에는 절대적인 방법이 없다고 강조해 왔다. 그것은 모든 아이에게 똑같이 적용되는 틀에 박힌 교육 방법은 있을 수 없으며, 각 아이에게 맞춘 교사 나름의 융통성이 무엇보다 중요하다고 생각하기 때문이다.

'아이의 그림에 절대 손대지 않습니다'라는 어떤 아동미술 학원의 선전 문구를 본 적이 있다. 이 학원에 좀처럼 신뢰가 가지 않는 까닭은 '절대'라는 확신적이고 단언적인 말 때문이다. 아이들의 그림에는 교사의 손길이 필요한 순간이 분명히 있다. 이처럼 아이들을 가르치는 교사의 역할은 상황에 따라 그 참여 정도를 조절해야 하기 때문에 쉽지 않다.

그러나 아이들을 위한 절대적이고 완벽한 교육 방식은 없을지 몰라도, 좋은 교사의 절대적인 가치는 존재한다. 얼마 전에 '몰래 카메라'에 대한 문제점을 다룬 르포 프로그램을 보았다. 알지 못하는 사이에 하루에도 수없이 감시당하며 생활해야 하는 현대인의 사물화된 삶을 고발하는 프로그램이었다. 나는 그것을 보면서 다소 지나친 생각이지만 아이들을 가르치는 교사들이야말로 몰래 카메라가 필요한 것은 아닐까 싶었다.

가치 판단이 미숙한 아이들만의 수업은 교사의 양심과 사명감에 전적으로 의존하기 때문에, 학부모들로서는 아이들의 수업 시간이 궁금하고 불안하기도 하다. 교사의 자질은 그 사람의 양심과 성실함에 달려 있다. 성실하고, 교육에 대한 양심을 잃지 않는 교사를 찾는 것은 절대 쉬운 일이 아니다. 자식을 키우는 것만큼이나 어렵고 힘든 일이다. 좋은 교사를 찾아내고, 그 교사에게 아이를 맡기는 일은 자식을 훌륭히 키워 내는 데 반드시 필요한 과정이다.

아이들과 조금이라도 재미있는 수업을 진행하기 위해 우리 작업실의 교사들은 다양한 프로그램 개발로 늘 분주하다. 새롭게 개발한 프로그램들을 아이들에게 여러 방향으로 적용시키며 체계라는 것을 잡아 보려 하지만, 각기 다른 아이들의 반응이 너무 많은 경우의 수를 만들어 내고 있어 체계 잡기란 여전히 어려운 일이다.

수업 시간 10분 전까지 재미있는 계획을 세워 놓고 아이들을 기다리던 철저한 교사였던 나는, 규현이가 작업실을 그만두던 날에 규현 어머니가 보내 준 인사 편지를 받고서야 규현이가 4년 동안 거의 매번의 수업 시간을 로봇만 그리고 만들면서 보냈다는 사실을 깨달았다. 수업 계획보다 더 중요한 것을 놓치고 싶지 않았던 내 나름의 이유가 있기는 했지만, 그 불만을 한 번도 내색하지 않았던 규현 어머니에게 새삼 미안한 마음을 감출 수 없었다.

많은 것을 배우면서 지쳐 있던 규현이나 많은 요구로 지쳐 있던 교사인 나는 서로 좋아하는 것을 시키고 함으로써 그 수업 시간만큼은 얼마나 자유롭고 행복했던지……. 그때 우리에게는 원하는 것을 편하게 할 수 있던 그 수업이 얼마나 소중했던지…….

촘촘히 짠 강의계획서에 맞춰 기계적이고 일률적으로 돌아가는 아이들을, 나는 많이 본다. 개성도 의욕도 재미도 없이, 교사도 아이도 모두 다 그렇게 움직이는 현실이 안타까울 뿐이다.

그림 99 • **작업실에서 연구 중인 교사들**
발자국 교사들은 낮에는 아이들과 수업을 하고 저녁이 되면 이곳에 모여 늦은 밤, 때로는 이른 새벽까지 프로그램을 연구한다.

04

특성에 맞는 분야를 할 때 개성을 발휘할 수 있다

나는 존 버닝햄이 지은 『사계절』이란 그림책을 읽을 때마다 마음이 편안해진다. 아이들과 함께 책을 읽는 시간에도 나는 항상 이 책을 먼저 펼쳐 든다. 식구들이 잠든 밤에도 가끔 나는 이 책을 읽고는 한다. 몇 장 안 되지만 각 쪽마다 계절의 특성을 정확하게 잡아 간결하게 표현하고 있어, 첫 장만 넘겨도 금세 마음이 따뜻해진다. 계절마다 특성이 있듯이 아이들은 각자 고유한 성격을 가지고 있다. 봄은 꽃이 피어야 아름답고 겨울에는 눈이 와야 제격이듯이, 아이들은 제 나름의 특성에 맞는 분야를 할 때 개성을 발휘하게 된다. 나는 우리 아이들이 사계절처럼 자신만의 개성을 간직한 채 잘 성장하기를 바란다.

아이들을 가르친 지 얼마 되지 않았던 어느 날 밤, 나는 아이들의 얼굴을 하나둘 떠올리며 메모를 한 적이 있었다. 그때 메모해 두었던 내용을 여기에 그대로 옮긴다. 이제는 성인이 다 된 아이들이지만, 그때 그 시절 아이들의 모습이 현재 아이들의 모습과도 겹치기 때문이다. 또한, 그 아이들에 대한 내 나름의 교육 방식이 현재도 유용하다고 여겨지기 때문이다. 가지각색의 성향을 지닌 아이들을 어떻게 대해야 할지 모르는 교사와 부모들에게 내 경험이 작은 도움이나마 되기를 바란다.

• • •

9살 반에 있는 한준이는 머리가 비상하다. 이 아이는 컴퓨터 도사라고 할 정도로 컴퓨터에 능통해서 미래에 한국의 빌 게이츠가 될 것 같다. 한준이가 그린 로봇 그림에는 컴퓨터 전문 용어가 많이 쓰여 있어 그 기능들을 다 이해하기 어려울 정도다. 조금만 더 있으면 한준이를 못 가르칠지도 모르겠다는 생각까지 든다. 선생님이 자신이 그린 로봇의 기능을 모르고 있다는 것을 알면 얼마나 실망할까.

사회성이 아주 뛰어난 정민이는 보스 기질도 강하고 운동도 잘한다. 게다가 묘사력이 매우 뛰어나서, 정민이가 그린 커다란 〈늑대〉를 보고 나이답지 않은 묘사력과 구도 감각에 깜짝 놀란 적도 있다. 짧은 선을 반복해 묘사하면서도 형태를 정확히 잡아낸 그림에서는 회화성이 느껴졌다. 대담성과 섬세함을 고루 갖추고 있다.

KS 마크를 붙여 줄 정도로 모범생인 한수는 의욕도 많고 어떤 것이든 무난히 잘 소화해 낸다. 편리하고 기능적인 방법도 잘 개발해서 그 팀에 전염(?)시키곤 한다. 꼼꼼하고 차분한 성격이라 그림을 그릴 때도 섬세하고 가는 선을 많이 사용해 정밀한 부분까지 표현한다. 손끝 감각이 뛰어나 정민이의 묘사와는 또 다른 맛이 있다.

이 반에서 가장 문제아인 세준이는 아주 훌륭한 화가가 될 것 같다. 덜렁대고 산만한 편이지만 자신이 재미있어 하는 일에 한 번 빠지면 매우 집중한다. 세준이는 창의력이 뛰어나다 못해 엉뚱해서 실현 불가능한 아이디어를 만들어 보겠다고 고집을 부려 나를 자주 괴롭힌다. 그래서 아주 미워해야 하는데 미워할 수 없는 이유가 하나 있다. 이 아이가 가끔 생각해 내는 아이디어가 나를 뒤로 넘어지게 할 정도로 신선하다.

언젠가 나는 내가 가르치는 아이들을 성격과 특성에 따라 분류해 본 적이 있다. 기회가 닿는다면 내가 분류한 결과를 토대로 성향이 비슷한 아이들의 어머니들을 서로에게 소개해 줄 생각이다. 서로 비슷한 자식을 둔 처지라 이해하고 공감하는 부분이 많아 도움이 되리라 생각한다.

성격이 비슷한 아이들은 그림을 표현하는 데 있어서도 비슷한 방식으로 풀어 나간다. 9살 한수와 7살 은성이가 꼼꼼하고 섬세한 표현을 좋아하고, 9살 정민이와 7살 경호가 묘사력이 뛰어나고 회화성 있는 표현을 선호하는 것을 보면, 이들의 성격이 각각 비슷한 것을 알 수 있다. 정민이와 경호는 묘사력에 자신 있는 만큼 생각하는 것을 싫어하는 단점 또한 비슷한데, 종이를 받아 들면 생각하고 그리기보다는 일단 그리고 본다. 이 아이들에게는 자신의 실력을 발휘하는 것이 무엇보다 우선이다.

비슷한 성격의 아이들은 문제점도 같은 방식으로 나타난다. 나는 아이들마다 가지고 있는 단점을 보완해 주기 위해 같은 부류의 아이들에게 같은 방식을 시도해 보았다. 생각하기 싫어하는 아이들에게는 규모가 큰 작업을 시켰다. 오랜 시간에 걸쳐 만들거나 그리면서 많은 생각을 보태도록 하기 위해서였다. 정민이는 내 뜻대로 커다란 공룡의 내부까지 잘 그려 내게 큰 기쁨을 선사했다.

9살 한준이, 7살 규현이, 5살 혜원이는 고지식한 성격이 비슷해 이들이 있는 곳에서는 싸움이 자주 일어나곤 한다. 원리 원칙대로 행동하고 따지기를 좋아하는 성격이라 조금 어긋나는 일이 발생하면 자신의 방향대로만 문제를 해결하려 했다. 이 아이들에게는 친구들과 같이 작업할 기회를 많이 만들어 주어 서로 부딪치면서 스스로의 문제점을 깨닫도록 했다. 여러 번 부딪치다 보면 마찰도 일어나겠지만, 그 과정에서 양보도 배우고 융통성도 키우며 해결점을 찾아 나가리라 판단했다. 고지식한 성격을 가진 그들은 융통성을 필요로 하는 콜라주 작업 과정에서 모두 다 놀라운 실력을 발휘해 나를 흐뭇하게 해 주었다.

한준이와 규현이는 새로운 시도에서만 의욕을 보였다. 이러한 성격은 내가 원하는 이상형이었지만, 다른 곳에서도 능력을 다 발휘할 수 있을지 염려스러웠다. 그래서 반복되는 과정을 통해 자신들의 실력을 튼튼히 다지도록 주문했지만, 지금까지도 쉽지 않다.

9살 세준이와 5살 재용이는 엉뚱하고 기발한 생각을 두서없이 하는 면이 비슷하다. 특히 세준이는 의욕이 지나치게 넘쳐 기발한 생각을 하지만 그것을 구체적인 계획이나 그림까지 연결시키지 못하는 문제점을 가지고 있다. 체계적인 사고를 할 수 있도록 아이디어가 생각날 때마다 메모해 두라고 가르쳤지만 안타깝게도 성공하지 못하고 있다.

5살 현경이나 8살 현정이는 자존심이 강하고 완벽한 것을 좋아하는 성격이다. 그림을 그릴 때 마무리를 너무 중요하게 여겨 어떤 경우에는 오히려 단점으로 작용하기도 한다. 그림에 변화를 주는 것을 싫

그림 100 • 이한준(9세), <공룡>, 종이에 수채, 30×54cm

그림 101 • 김정민(9세), <공룡 시대>, 종이에 색연필, 30×54cm

그림 102 • 박현정(8세), <공룡>, 종이에 수채, 30×54cm

어하기 때문에 실력이 늘지 않는다. 많은 실패와 실수가 더 큰 인간으로 성장시킨다는 것을 가르치고 싶지만, 그 뜻을 알기에는 아직 어린 것 같다. 그림을 완성하기보다 많이 망쳐 보도록 하고 있다.

현정이와 혜빈이는 같은 나이에 같은 여자이지만 정반대의 성향을 보인다. 현정이는 외형상으로는 강해 보이지만 지극히 여성적이다. 예쁜 것을 좋아하고 꼼꼼하다. 욕심이 많아 적극적이며, 이해력이 빠른 편이다. 반면 혜빈이는 상당히 덜렁대고 편안한 성격이라 친구들이 모두 좋아한다. 보통 여자아이들과 달리 예쁜 것보다는 머리 쓰는 쪽에 관심이 많아 기대하는 바가 크지만, 한계도 보인다.

여자아이들은 아직까지는 그다지 기발한 생각이나 작품을 만들지 못하고 있다. 인정하고 싶지는 않지만 나는 그 원인을 성별의 차이 때문이라고 생각한다. 일단 여자아이들은 구조적인 능력이 필요한 제

그림 103 • **이현경 외 3명(5세), <언덕 만들기>**
아이들은 친구의 자질을 인정하면서 서로에게 능률적인 방향을 찾아 나갔다. 하빈이와 지원이가 나무를 만들면, 현경이와 혜원이는 그것을 언덕 위에 꽂았다.

도나 만들기를 할 경우에 의욕이 약하고 집착할 대상도 가지고 있지 않다. 가령 남자아이들은 나이가 들어도 로봇이나 공룡에 강한 집착을 보이지만, 여자아이들은 대개 나이가 들수록 집착할 대상을 찾지 못한다.

5살 반의 여자아이들에게는 8살 여자아이들이 보였던 한계를 극복할 수 있도록 더 신중을 기했다. 큰 입체를 많이 다루게 하여 대담함과 섬세함을 동시에 키우고, 만들 대상에 더 많은 관심과 집착을 가지도록 분위기를 조성했다.

이처럼 아이들은 각자 지니고 있는 개성만큼 여러 종류의 장 · 단점을 가지고 있다. 나는 언제부터인가 아이들의 단점을 보완해 완성된 인간으로 키우고 싶은 욕심을 가지게 되었다. 하지만 결과는 성공적일 때도, 그렇지 못할 때도 있었다.

어떤 아이들은 내 의도대로 잘못된 점을 고치려는 것이 아니라 자신의 방식을 그대로 고수하면서 다른 곳에서 문제의 해결점을 찾고 있었다. 예를 들어, 고집이 강한 규현이의 경우에 반복된 협동 작업을 통해 고집을 조금씩 꺾으리라 예상했는데, 내 예상과는 달리 오히려 다른 아이들에게 자신의 주장을 점점 더 뚜렷하게 관철시키고 있었다. 자신이 가지고 있던 생각을 아이들에게 주입시키면서 그 원리에 따라 팀을 움직이고 있었던 것이다. 그러나 다행히도 그 원리가 일방적인 요구나 억지가 아닌 다른 아이들의 의견을 수렴하는 상당히 민주적인 방식으로 자리를 잡아 가고 있었다. 이런 과정을 거쳐 7살 아이들이 모이는 수요일이 되면 내 마음은 한결 편해졌다.

7살 아이들은 오랫동안 같이 지내 온 만큼 서로 도와 가면서 상당히 능률적으로 움직인다. 대부분 규현이의 지도를 받아 움직이지만 은성이나 경호, 나중에 들어온 동진이까지 모두가 여기에 불만이 없어 보인다. 한번은 8살인 재현이가 이 반에서 같이 만들기를 하다가 규현이가 지도하는 대로 따라 할 수 없다고 항의한 적이 있었다. 그러나 은성이와 경호가 전혀 동의하지 않아 오히려 재현이만 무색해졌다. 그만큼 이 반은 단단하게 뭉쳐 있다. 내 간섭이 들어갈 틈도 없다. 친구의 장점을 인정하는 것에서 시작된 신뢰성이 오랜 시간을 통해 더욱 견고한 결실을 맺게 되었나 보다.

특히 규현이는 오랫동안 같이 수업을 받았던 은성이의 도움을 절대적으로 필요로 했고, 은성이 또한 규현이가 없을 경우에는 의욕을 잃어 의기소침해졌다. 신기한 현상은 규현이가 없을 경우에 은성이가 규현이 일까지 맡아 하기도 했는데 결과는 만족스럽지 못했다는 점이다.

아이들의 단점을 보완하려는 내 의도가 제법 먹혀드는 경우도 있었다. 나는 9살 반의 수업 때에는 자리 배치에 상당히 신경을 썼다. 묘사력이 뛰어난 정민이 옆에 한준이를 앉히고, 덜렁대는 세준이 옆에 모범생인 한수를 앉혔다. 그 결과 한준이는 로켓을 능숙하게 잘 그리는 정민이의 실력을 2주 동안 열심히 지켜보더니 자기 것으로 만들었고, 세준이는 한수의 신중함을 넘겨받았다. 다시 한수의 영리함이 반 전체로 퍼지면서 아이들을 급격히 성장시켰다. 또한 세준이의 뛰어난 아이디어에 의해 아이들은 한 단계씩 더 기발한 작품을 만들게 되었다. 이들이 모이는 토요일 오전은 항상 활기차다. 고집이 너무 세서 가끔 싸움이 일어나기도 하지만 10분 이상 지속되지는 않는다. 대부분의 시간을 웃음으로 보내는데 특히 정민이의 큰 웃음소리가 골목 끝까지 들린다고 한다.

그러나 이 팀 역시 내가 원하는 대로 친구의 장점에서 영향을 받았다기보다는 능률적인 방향으로 서로에게 적응해 나가는 방식이었다. 세준이의 기발한 생각은 한수에 의해 구체적인 체계가 잡혔고, 정민이는 그것을 뛰어난 그림으로 완성시켰다. 예를 들면, 정민이가 그린 〈뉴스〉 타이틀87은 세준이가 먼저 생각해 냈던 것이다. 타이틀을 만들어 보자는 내 제안에 세준이는 대충 그림을 그려 놓고 오른쪽 아래에 'KBS 김세준 기자'라고 써 넣었다. 세준이는 더 이상 그릴 의욕이 없었는지 이 작품을 미완성으로 남겨 둔 채 다른 재미있는 생각을 해 보겠다고 했다. 그 옆에서 제트기를 그리고 있던 정민이가 세준이의 아이디어를 그대로 가져오기는 미안했던지 'SBS 김정민 기자'로 바꾸어 그림을 멋지게 완성했다. 게다가 정민이는 'SBS 뉴스'라는 글자까지 크게 그려 넣어 한 단계 향상된 모습을 보여 주었다.

각각의 아이들은 자신의 성격에 맞고 관심 있는 분야를 찾아서 할 때 능력을 최대한 발휘하게 된다. 섬세한 아이에게는 대담한 표현을 요구하는 것보다는 섬세한 면을 더 키워 주는 편이 한층 효율적이다. 그것이 교육적으로도 바람직하고, 아이 자신도 즐거워한다는 것을 알게 되었다.

하루는 재용이 어머니를 만나 그동안 궁금했던 재용이 소식을 듣게 되었다. 평소 교육열이 유난히 강했던 재용이 어머니는 재용이가 공부 잘하고 모범적인 아이로 크기를 바라고 있었다. 그렇지만 재용이는 엄마가 바라던 방향과는 달리, 그보다 더 중요한 상상력과 감성이 풍부한 아이로 자라고 있다고 했다. 그래서 나는 기발한 아이디어를 잘 내놓는 세준이 이야기를 하면서 4년 후의 재용이 모습을 보는 듯하다고 말해 주었다.

내 딸 혜원이의 경우도 마찬가지다. 나는 내 딸이 너그럽고 감성

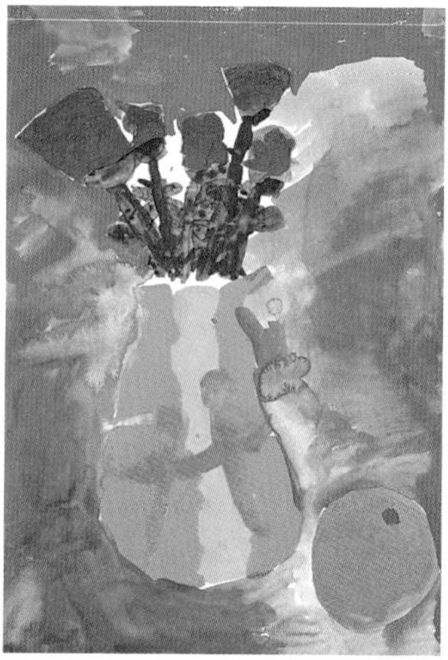

그림 104 • (좌)이한준(9세), <장미>, 종이에 수채, 35×20cm

그림 105 • (우)박현정(8세), <장미>, 종이에 수채, 40×30cm
같은 장미를 놓고 그렸어도 느낌이 모두 다르다. 아이들은 각자가 지닌 개성만큼 장단점도 서로 다르다. 각자 성격에 맞는 분야를 할 때 능력을 최대한 발휘하게 된다.

이 풍부한 예술가가 되기를 바라지만, 혜원이는 내가 바라던 바와는 달리 지극히 이성적이고 논리적인 아이로 성장하고 있다. 엄마 입장에서 볼 때 아쉽기는 하지만 이제는 내 욕심을 버리고 혜원이의 개성대로 커 가도록 놔두기로 했다.

어떤 사물들이든 각각 특성을 가지고 있듯이, 아이들도 미술에서 저마다 특별히 잘하는 분야가 하나씩 있었다. 제도를 잘하는 은성이와 한수, 묘사에 뛰어난 정민이와 경호, 뛰어난 아이디어를 제공하는 재현이, 세준이, 한준이가 있고, 그들을 지도하고 통솔하는 규현이가 있다. 이 아이들 모두 내 수업에 없어서는 안 되는 중요한 인물들이다.

이렇게 거의 1년 동안 아이들의 특성을 파악하고 어떻게 하면 잘 가르칠 수 있을까를 고민하는 동안에, 이 아이들은 어느새 우리 가족의 일부가 되어 있었다. 아이들의 이름이 밥을 먹는 동안에도 식탁에 오르내렸고, 텔레비전을 보는 저녁 시간에도 내 머릿속에서 떠나지 않았다. 내 모든 계획이 아이들의 시간에 맞춰 정해졌고, 아이들을 위해 짜였다. 처음 내가 아이들을 가르쳐 보겠다고 했을 때 격려와 찬사를 보냈던 남편마저 언제부터인가 이런 내 생활에 불만을 갖기 시작했다. 하루는 제발 아이들 얘기 좀 그만하고 우리 얘기 좀 하자고 짜증을 냈다. 그런 일이 있은 후 조심을 한다고 했지만 그게 뜻대로 되지 않았다. 이미 아이들은 내 생활의 전부가 되어 있었던 것이다.

결국 남편은 포기를 했는지 "요즘 은성이는 어때?" 하며 먼저 관심을 가져 주었다. 남편의 이 말 한마디에 무거운 짐을 벗은 것 같아 기분이 홀가분해졌다. 그리고 이제는 다시 이 아이들을 만날 시간만을 기다리며 행복에 빠져든다.

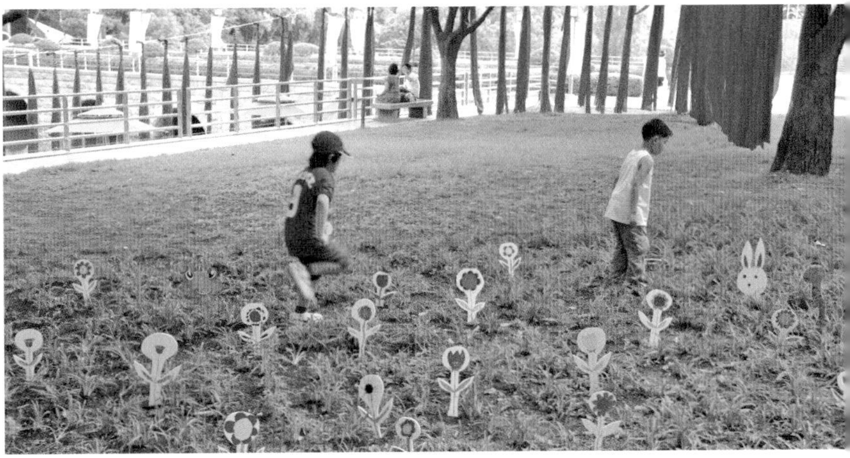

그림 106 • 직접 만든 꽃을 꽂은 풀밭에서 놀고 있는 아이들

05

꿈을 담아 줄, 그런 곳을 만들어 주고 싶다

하루는 현관문을 열어 주던 혜원이와 용석이가 앞다투어 무슨 말인가를 하려고 했다. 두서없이 서로 말을 쏟아 내는 아이들 때문에 정신이 없던 나는 한마디도 알아들을 수 없었다. 일단 혜원이를 진정시킨 뒤에 어떤 일이 있었는지 듣고 나서야 그날의 소동을 이해하게 되었다.

며칠 전에 할머니와 앞뜰에서 주운 나무 막대를 요구르트 병에다 꽂아 두었는데 거기에서 꽃이 피었다는 것이다. 그게 얼마나 신기했던지 그 이야기를 해 주고 싶어 엄마가 오기만을 기다렸다고 했다. 새싹이 돋은 개나리 가지에서 꽃이 핀 것이었지만 가지의 눈을 보지 못한 아이들에게는 너무나 신기했던 모양이다. 나는 나무 안에 새싹이 숨어 있던 것이라고 가르쳐 주었다.

다음 날에 너무 재미있는 일이 일어났다. 용석이가 요구르트 병에

물을 담아 긴 나무젓가락을 꽂아 두었던 것이다. 놀다가도 30분에 한 번씩 베란다에 나가 꽃이 피었는지를 확인했고, 분무기로 정성스럽게 물을 뿌리곤 했다.

그 모습을 지켜보던 나는 처음에는 용석이의 행동이 우스웠지만 차츰 안타까워지기 시작했다. 어떻게 설명해야 하나 고심하고 있는데 혜원이가 기특한 생각을 해냈다. 꽃을 만들어 나무젓가락에 붙여 주자는 제안이었다. 혜원이의 말대로 꽃을 만들까 생각을 했지만 한창 관찰력이 뛰어난 아이에게 오히려 이상하게 보일 수도 있을 것 같아 인조 개나리를 사서 꽂아 두기로 했다. 용석이가 낮잠 자는 틈을 타 새로 사 온 인조 개나리를 혜원이와 함께 접착제로 붙였는데 잘 붙지 않았다. 용석이가 깨어나기 전까지 열심히 붙였지만, 7개의 꽃잎은 떨어지고 2개만 성공했다. 초라하고 이상한 개나리 줄기(?)를 바라보면서 걱정과 기대를 함께 가졌다.

드디어 잠에서 깨어난 용석이는 우리가 벌였던 일을 모르는 채 너무나 좋아했다. 아빠에게는 물론 할아버지, 할머니에게까지 전화를 걸어 더듬거리는 말로 자랑을 했다. 용석이가 전화하는 것을 보며 혜원이는 눈을 찡긋거리며 꽤 어른스러운 척했다. 비록 사소한 일이었지만 우리 식구 모두가 행복해했다.

나는 아이들이 이렇게 순수하고 아름다운 마음을 항상 간직하고 살았으면 한다. 아니, 그 순수함을 오래오래 지니고 살도록 내 최선을 다할 생각이다. 언제부터인가 나는 자동차 매연과 희뿌연 먼지로 뒤덮인, 그래서 좀처럼 푸른 하늘을 보기 힘든 이 도시가 답답하게 느껴졌다. 아이들과 함께 자연의 향기를 맡으며 순수하게 살 수 있는 그런 곳이 그리워졌다.

그림 107 • **혜원이, 용석이와 함께**
아이들과 함께 자연의 향기를 맡으며 순수하게 살 수 있는 그런 곳을 만들고 싶다.

지금 나는 잡초가 우거진 뜰과 비가 새지 않을 정도의 낡은 헛간이 내게 주어졌으면 하고 바란다. 누군가 살기 싫다고 버리고 간 곳이라도, 아주 많은 연장을 진열할 수 있고 능력이 닿는 한 다양한 쇠붙이와 나무판 또는 플라스틱을 즐비하게 모아 놓을 수 있는 곳이라면 좋겠다. 지저분한 공간을 헤매며 아이들과 계속 무엇인가를 만들고 부수면서 서로의 의견을 나누고 싶다.

천장에는 주렁주렁 아이들의 작품을 매달고, 잡초가 우거진 뜰에는 벌레들의 집을 만들어 주고 싶다. 한쪽 구석에는 ㄷ자형 밝은 스탠드와 제도판을 갖추어 놓고, 많은 기능을 겸비한 컴퓨터도 한 대 놓고, 근사한 오디오 시스템도 있으면 좋겠다. 슬라이드를 보기 위한 빔 스크린도 필요할 것이고, 좋은 환등기도 한 대 있으면 좋겠다. 방과 후에 아이들이 약속이나 한 듯이 하나둘 모여들어 저마다의 기발한 계획안을 펼쳐 보일 수 있는 그런 곳이 되었으면 한다.

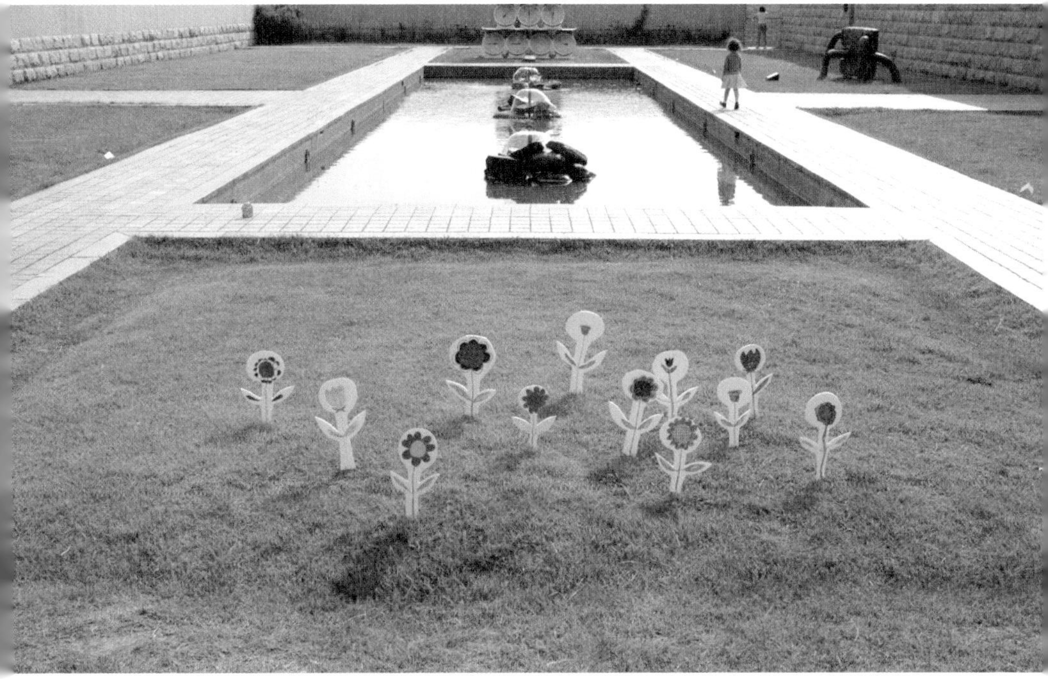

그림 108 • 아이들이 만든 꽃밭

부록

01

창의력을 키우는 몇 가지 방법

1. 여러 종류의 재료를 구입한다.

동네 문구점보다는 큰 화방까지 가서 찾아본다. 전문가용으로 준비하면 더욱 좋다. 많은 색의 크레파스 · 색연필 · 물감 · 색종이, 가위, 스카치테이프, 풀, 스티커 등 아이들이 흥미를 가질 수 있도록 여러 종류의 재료를 준비한다. 처음에는 될 수 있으면 새 것을 사 주어 아이가 작업을 하고 싶은 욕구를 느끼도록 한다.

2. 아이가 방에서 혼자 작업할 수 있도록 배려해 준다.

혼자 하는 습관을 들이기 위해서는 방에서 자주 나오지 않도록 배려해 주며, 편안하게 작업할 수 있도록 주위 환경에 신경을 써 준다. 주의할 점은 치워야 하는 부담감을 주지 않는 것이다.

3. 흥미 있는 대상을 갖도록 유도한다.

많은 재료를 가지고도 무엇을 해야 할지 몰라 하는 아이가 있다. 그럴 경우에는 그리기나 만들기를 시키기에 앞서 관심 있는 대상을 먼저 만들어 주어야 한다. 로봇 · 공주 · 곤충 · 짐승 · 공룡 · 우주 등 책이나 비디오, 박물관 전시 등의 매체를 이용하여 아이가 의욕을 갖도록 한다. 책이나 사진을 보고 그리는 방법도 숙달된 감각을 위해서는 필수적이다. 각 매체에서 보았던 사물의 특징을 충분히 느꼈는지를 파악한 뒤에 그리게 하면 좋다. 책이나 사진 속의 대상을 고를 때는 사실적인 것이 좋고, 직접 사물을 보고 그리는 것은 더할 나위 없이 좋은 방법이다.

4. 그리기나 만들기는 크고 대담하게 하도록 한다.

그림을 그릴 경우는 큰 도화지를 주고, 만들기를 할 경우는 재료를 많이 준다. 그러나 크게 그리거나 만들 것을 강요해서는 절대로 안 된다. 우선 도화지를 다 채우도록 시키고, 서서히 대상을 크게 제작할 수 있도록 유도한다.

5. 완성된 작품 속에 글을 함께 기록하도록 한다.

아이가 글에 관심을 가지기 시작할 즈음부터 시도하는 것이 흥미를 유발할 수 있어 좋다. 체계적인 사고를 기르는 데도 큰 효과를 얻을 수 있다. 처음에는 장난만 아니라면 어떤 내용을 써도 괜찮다. 서서히 그림과 관계있는 내용을 쓰도록 유도한다. 로봇일 경우는 로봇의 특징이나 기능으로 연결되면 바람직하다.

6. 어느 정도 익숙해진 소재는 변형해 보도록 한다.

아이가 반복하는 소재라도 여러 가지로 변형해 본다면 응용력과 창의력을 동시에 기를 수 있다. 가령 로봇을 자주 그리는 아이에게 로봇을 호랑이 로봇, 황소 로봇으로 변형해서 그리게 한다면, 아이가 더욱 재미있어 할 것이다. 다만, 그 전에 호랑이나 황소를 보고 묘사하는 연습을 시키는 게 좋다.

이야기 속의 장면을 그림으로 그리게 하는 것도 표현력 향상을 위해 좋은 방법이다. 먼저 백설공주 애니메이션이나 피노키오 책을 보여 주는 등 여러 가지 방법으로 이야기를 제시해 준다. 이때 이야기를 단지 제시해 주기만 하는 것이 중요하다. 무엇을 그리라는 요구는 하지 말고 아이가 스스로 방에 들어가서 작업하도록 기다려 준다.

7. 아무리 우습고 볼품없는 작품이라도 칭찬을 많이 해 준다.

일찍 작업을 끝냈다고 "그게 뭐냐. 더 그려라"라고 말하는 것보다는 "아주 훌륭한데, 이 부분은 더 자세히 그리면 굉장해지겠다"라고 구체적으로 부족한 점을 일러 주는 것이 좋다. 어설픈 간섭은 안 하는 것이 좋으며, 무엇을 그린 것이냐는 식의 질문 대신 어느 부분이 훌륭하다고 칭찬하는 것이 중요하다.

일단 여기까지 시도해 보자. 조급하게 생각하지 말고 아이를 믿는 마음으로 서서히 해 나가자. 점점 늘어 가는 표현량에 놀라게 될 것이다.

8. 잘 어울릴 만한 친구를 몇 명 모은다.

처음에는 두 명에서 시작해 네 명 정도면 가장 이상적이다. 천천히 늘려 가자. 마음이 잘 맞는 친구를 만나는 게 중요한데, 어떤 친구가 맞는지는 한 번만 봐도 알 수 있을 것이다. 처음 협동 작업을 할 때는 엄마가 옆에서 아이들을 지켜보는 것이 좋다.

9. 싸움이 일어났을 때는 혼내지 말고, 싸움의 발단을 분석하고 토론하도록 유도한다.

토론하는 모습을 보다 보면 미처 생각하지도 못했던 아이들의 능력에 놀랄 것이다. 많은 대화와 토론은 협동 작업에서만 얻어 낼 수 있는 소중한 기회다. 단서만 주면 아이들끼리 충분히 토론을 이끌어 나갈 수 있다.

10. 틀에 박힌 교육 프로그램을 잠시 중단한다.

엄마들로서는 어려운 일이겠지만 아이들의 자유로운 사고를 위해 중단해 보는 것도 좋다.

11. 투시도나 평면도를 만들어 본다.

약간의 전문 지식이 필요하지만 공간 지각력을 키우기 위한 작업으로는 입체 작업이 제격이다. 입체를 만들기 위해서는 투시도나 평면도를 그리는 연습이 필요하다. 우선 '앞에서 본 모습', '옆에서 본 모습'을 될 수 있는 한 자세하게 그리도록 한다. 틀리더라도 괜찮다는 말을 하여 부담을 갖지 않도록 한다. 먼저 보고 그릴 대상(장난감 차, 연필깎이 등)을 주고 충분한 연습을 한 뒤에 자신이 디자인한 대상을 생각하여 그려 보게 한다. 투시도는 엄마가 그려 줌으로써 그것이 어떤 것인가를 깨닫도록 하는 정도면 좋다. 이 과정은 7살 정도부터 소화할 수 있다.

12. 평면 작품을 입체로 만들면서 3차원을 느껴 보도록 한다.

아이에게 투시도를 보여 주면서 필요한 부분의 모양을 그 개수대로 표시한 전개도를 그리게 한다. 그 뒤에 폼 보드를 전개도대로 잘라 입체로 만들게 한다. 10세 정도면 스스로도 할 수 있지만, 그보다 어릴 경우에 혼자서 하기 힘들므로 엄마가 도와준다. 투시도나 전개도를 그릴 때 '앞에서 본 모습'과 '옆에서 본 모습'을 충분히 숙지하여 필요한 부분의 모양과 개수를 정확히 파악하게 해야 한다. 투시도나 전개도만 갖고도 제작할 수 있게 상세하게 그리도록 유도한다. 폼 보드를 잘못 재단하더라도 아이가 틀린 부분을 스스로 깨달을 수 있도록 그대로 자르게 놔둔다. 친구와 같이하면 더 좋다. 10세가 되어야 소화할 수 있는 어려운 과정이다. 조급함 없이 하나하나 엄마의 도움을 받아(아빠가 도와주면 더 좋다) 천천히 시도해 본다.

여기서 잠시 '폼 보드foam board'에 관해 알아보자. 폼 보드는 두꺼운 것에서 얇은 것까지 다양한 규격이 있다. 아이들에게 적당한 것은

0.5cm의 두께다. 구입할 때 우드락woodrock과 잘 구별해야 한다. 폼 보드는 물감이나 크레파스가 잘 묻어 그림 그리기가 쉬우며, 그림을 오랫동안 그려도 도화지처럼 구겨지는 문제가 없어 실용적이다. 입체 작업을 할 경우에도 아이가 그린 대상(투시도, 정면도, 측면도)대로 자른 다음에 핀(침핀)을 박으면 훌륭한 작품이 된다. 아이가 작업에 능숙해지면 얇은 폼 보드를 이용하도록 한다. 얇은 폼 보드는 섬세함까지도 길러 줄 수 있는 재료로 안성맞춤이다.

그림 109 • 코엑스 전시장에서 열린 '발자국 소리가 큰 아이들' 전시 모습
'발자국 소리가 큰 아이들' 전 학생이 한곳에 모여 전시를 해 보고 싶은 욕심이 생겨 큰 전시장이 필요했다. 2011년과 2014년에 약 천 명의 친구들이 모여 전시를 열었다.

- 스스로 판단하고 행동해야 했던 어린 시절 우리의 힘
- 발자국을 찍으며
- 주변 이야기들에서 시작하기
- 맛있는 것처럼 보이게 만들기
- 선생님 때문에 망쳤어요!
- 스페셜 다이의 반격
- 아이의 마음을 이해하고 온전히 받아 줄 때 비로소 또 다른 능력과 모습을 볼 수 있었다
- 다양한 표현 다양한 작품들
- 새로운 재료에 더 새로운 방법을!
- 아이들과 함께 문제를 해결해 나가는 교사

부록

02

선배와 학부모, 교사들이 전하는 이야기

스스로 판단하고 행동해야 했던 어린 시절 우리의 힘

천혜원

이화여자대학교 언론홍보영상학과 졸업, 카이스트 경영학 석사, 현 CJ ENM 전략기획팀

엄마는 내가 4살이 되던 해에 나의 동네 친구들을 모아 발자국 수업을 시작했다고 한다. 나와 함께 커 온 '발자국 소리가 큰 아이들'은 어느덧 창립 30주년을 향해 가고 있다. 나도 내년이면 30세가 된다.

어렸을 때는 엄마처럼 미술 선생님이 되고 싶다는 생각에 열심히 미술 수업을 받았는데 지금의 나는 엄마와 조금 다른 길을 걷고 있다. 미술대학 회화과를 전공하고 작가를 꿈꿨던 엄마처럼 처음에는 이화여자대학교 미술대학 영상디자인과에 입학했지만 전공을 두 차례나 바꿨다. 2학년 때는 동 대학교 언론홍보영상학과로 전과를 했고, 졸업 후에는 카이스트에서 경영학 석사를 했다. 지금은 CJ ENM 전략기획팀에서 근무하고 있다. 엄마는 28세에 나를 낳았는데, 나는 이리저리 요란하게 살다 보니 이 나이가 되도록 아직 결혼도 못했다.

언젠가 이 책을 위해 직접 글을 쓰게 되는 날을 대비하며 부끄럽지 않게 열심히 살아야겠다고 다짐을 했던 적이 있다. 그렇다고 지금이 부끄럽지 않은지는 모르겠지만, 이번 기회에 솔직한 나와 내 동생들에 대한 이야기, 특히 모든 부모님들이 궁금해하는 우리들의 공부 얘기를 해 보려 한다.

발자국을 운영하시느라 엄마는 늘 나와 내 동생 곁에 없었다. 그런 덕에 우리는 다른 친구들에 비해 자유로운 학창 시절을 보냈다. 내 동생 우석이(용석이에서 중학교 2학년 때 이름을 바꾸었다)는 '하루 종일 놀이터에 있는 아이'로 유명했다. 당시에는 그런 동생이 많이 창피하고 걱정이 되었지만 엄마는 그런 우리를 크게 문제 삼지 않으셨다. 오히려 우리가 놀다가 지쳐서 스스로 해야겠다는 마음이 생길 때까지 기다리셨다. 아니 그냥 놔두신 쪽에 가깝다. 그런 우리를 걱정하는 주변 분들에게는 '내가 시킨다고 할 아이들이 아니다'라고 하셨던 기억이 난다.

결국 우리는 스스로 공부가 필요하다고 느낀 시점이 되어서야 공부를 시작했다. 나는 중1 때, 우석이는 고2 때였다. 자발적으로 시작한 공부는 늦었지만 힘이 있었다.

승부욕이 강한 나는 남들보다 늦은 만큼 공부를 더욱 열심히 했다. 어렸을 때부터 선행 학습을 했던 친구들을 따라가기 위해서는 잠을 2시간씩 아껴야 했다. 성적이 오를 때마다 느끼는 성취감에 취해 피곤한 줄도 몰랐다.

부모님이 전혀 간섭하지 않으시다 보니 시간 관리 역시 온전히 내 몫이었다. 한 시간만 공부를 안 해도 불안한 마음이 들 때가 있었는데, 그래도 일주일에 한 번은 꼭 발자국에 갔다. 종이를 꺼내고 꼬마들 사이에서 그림을 그릴 때 나만의 특색과 장점을 되찾는 느낌이 들

그림 110 • **6세 때 그린 작품과 나**

었다. 그렇게 자연스럽게 예술로 나를 표현하는 것에 익숙해졌던 것 같다. 진로를 정해야 하는 중3이 되면서 담임 선생님의 반대를 무릅쓰고 외고 대신 예고 시험을 봤다. 화가가 되고 싶은 것은 아니었지만 왠지 그때가 아니면 예술 분야에서 영영 멀어지게 될 것만 같아서였다. (늦게 시작한 탓에 예고는 떨어졌다.) 이를 시작으로 미대 입시를 준비했고 결국 이화여대 영상디자인과에 진학했다.

내가 대학에 입학했을 당시만 해도 나보다 두 살 어렸던 고2 우석이는 거의 꼴등이었다. 어느 날 갑자기 우석이가 공부를 하겠다고 선언하는 모습이 너무 충격적이어서 아직도 기억이 난다. 가족 모두가 우석이의 대학 진학을 포기했던 시점이었다. 굳은 의지에 가득 찬 우석이는 남들보다 늦은 만큼 공격적으로 공부를 하면서 무섭게 그 격차를 좁혀 나갔다. 특히 재수 시절에는 학원 대신 집에서 가장 가까운 구립 도서관에 도시락을 3통씩 싸서 다니며 꼬박 1년을 잠자는 시간 빼고는 미친 듯이 공부를 했고, 그렇게 2년 만에 거짓말처럼 서울대학교에 갔다.

드라마 같은 인생 역전 스토리를 바로 옆에서 지켜본 나는 아직까지도 '스스로 판단하고 행동해야 했던 어린 시절 우리의 힘'을 믿으며 살아가고 있다. 지금은 막내 세영이가 고3인데, 중요한 시기인 만큼 스스로 결정하고 결과 역시 본인이 책임지는 강한 친구가 될 거라 믿는다. 우리와 같은 환경에서 자란 세영이에게 그 이상의 참견과 조언은 쓸데없는 오지랖일 뿐이다.

발자국을 찍으며

김덕연

이지혜 어머니, 발자국 작업실 대학로원 학부모

책상 앞에 앉으니 쿵쾅거리며 발자국을 찍고 다녔던 지난 6년간의 흔적들이 바로 눈앞에 있다. 벽마다 걸려 있고 책상에 차곡차곡 쌓여 있고 책장에 칸칸이 꽂혀 있고, 또 휴대전화 앨범 속에 저장되어 있다.

발자국 쿵쾅거리기

시간을 거슬러 2003년 5월. 문예진흥원의 붉은 벽돌 건물 2층을 조심스럽게 올라 다니던 시절이었다. 불안하게 시작한 망치질이 능숙해지고, 뜨거워 무서워하던 글루 건glue gun도 제법 다룰 줄 알게 된 무렵, 발자국 작품도 늘어 갔다. 짊어지고 갈 때의 뿌듯함도 컸지만, 고충도 따랐다.

때로는 아이 몰래 일부러 떨어뜨려 놓고는 부서졌으니 할 수 없이 버리자고, 우는 아이를 달래 가며 작품들을 처리해야 했던 그 고충! 아마도 공감하시리라!

지금 와서 생각해 보면 고사리손으로 만들어 낸, 아이의 생각과 고민, 실패, 엉뚱함, 뿌듯함, 기쁨, 친구들과의 추억이 녹아 있던 작품들이라 결코 쉽게 버릴 수 없는 것들이었다.

발자국 다지기

6살 아이가 2시간의 수업을 잘 견딜지, 즐거워할지, 처음 만나는 남자 선생님과 잘 지낼지, 다른 친구들과 잘 어울릴지, 작품을 제대로 구상할지, 완성을 해낼지, 모든 것이 궁금했다. 첫 수업의 기억이 생생한데, 그 감동으로 4년여의 시간을 보내고 다시 시작한 2년여에 걸친 고학년 수업. 3학년 2학기부터 시작한 수업이라 중간에 들어가서도 과연 4시간을 잘 앉아 있을지 걱정했지만, 아이들은 여전히 낄낄거리며 그 시간을 즐겼다!

그림 속 졸라맨에 점차 살이 붙어 S자 몸매로 되어 가면서 아이들도 조금씩 자랐고, 만날 티라노사우루스였던 소재가 주변 동물로, 사물로, 상상 놀이터로, 미래의 집으로, 우주로 바뀌면서 아이들은 또 자랐다. 강도 높은 고학년 수업을 하면서 힘든 시간도 버티고, 다양한 미술 세계도 맛보고, 새롭고 재미있는 분야도 알게 되고, 잘하는 친구를 칭찬해 주고 인정해 주면서 자라났다. 대학로 사계절을 충분히 느끼고 즐기면서 항상 헤어짐을 아쉬워하며, 세월을 헤아릴 줄도 모르고 헤아릴 필요도 없이 그렇게 6년 혹은 7년의 시간을 보냈던 아이들. 한참을 더 쿵쾅거릴 것 같았던 발자국 소리를 이제 멈추었다. 조금씩 그 여운이 잦아들겠지만 가끔씩 어디 어느 모퉁이에서 다시 그 기억과

추억들을 생각해 내고 웃음 지을지 모른다.

발자국, 매력을 넘어 마력으로!: 공동 육아와 대기실 인생들

아이들의 수다에 "그렇게 떠들려면 나가서 어머니들하고 떠들어" 하던 선생님의 말처럼, 그렇게 하나둘 마음을 트고 수다 떨던 그 엄마들은 어느새 서로를 걱정하며 아이들을 같이 키워 나갔다. 가끔씩 만나는 주변 사람들에게 "아직도 발자국 다녀요?"라는 말을 들으면서도, 그저 아이들이 좋아하니 기다려 온 엄마와 동생들의 대기실 인생. 이제 그 동생들도 수업에 들어간다. 그저 사교육의 한 현장이라고 볼 수도 있을 미술 학원을 이리 오랜 시간, 형에서 동생으로 바통을 이어가면서 줄기차게 다니는 이유가 무엇일까? 우리들도 궁금하다.

아이들에게 발자국이 갖는 의미

더없이 편한 놀이터였고, 때로는 많은 인내를 필요로 했지만 열매를 맛보는 뿌듯함을 알려 준 곳이었고, 작가로서 기쁨도 누려 볼 수 있는 곳이었다. 매주 만나는 즐거움과 반가움이 있고, 서로 커 가는 깊이를 가늠하면서 소통을 배우는 곳이었다. 커 보였던 의자와 작업대, 작업실은 점점 작고 좁게 느껴지면서 자유의 공간으로 변했다. 문 열린 작업실, 저마다 편한 자세로 의자, 혹은 작업대 위에 걸터앉아 무슨 이야기들을 저리도 하는지. 주변 대학로는 어두운데, 불 켜진 작업실 안의 아이들 표정이 너무나 자유스럽고 편해 보였던 지난 한여름 밤을 잊을 수 없다. 그래서 아이들은 그 긴 시간, 그 긴 거리를 마다하지 않고 발자국을 찾았나 보다.

그림 111 • **작업실 풍경**
작업실은 아이들에게 자유로운 놀이터가 되어 주어야 한다.

성장의 이유와 고마움

이렇게 아이들은 발자국 안에서 성장했다.

이 모든 것이 가능했던 것은 깊은 신뢰를 보낼 수 있었던 선생님들과 함께, 긴 시간에 걸쳐 아이들이 커 가는 과정을 공유해 왔기 때문이라고 말하고 싶다.

코 흘리던 5살, 6살 아이들이 12살이 되도록 변함없이 이끌어 주었던 여러 선생님들 덕분이며, 그 시간 동안 착오 없이 아이들을 지켜 준 류화정 선생님 덕분이며, 발자국이 흔들리지 않고 지금껏 제자리에 있어 준 덕분이라고 생각한다.

마지막으로 고마움의 표현이 어떠해야 할지 잘 몰라 부족한 글 속 어딘가에 숨겨 놓았음을 밝힌다.

주변 이야기들에서 시작하기

한연선

청담원 교사, 홍익대학교 동양화과와 동 대학원 졸업, 박사 과정 중

수업이 시작하면 나는 아이들이 풀어내는 이야기에 귀 기울인다. 천진한 표정의 그들은 학교나 유치원에서 있었던 일들을 이야기하기도 하고, 엄마와 아빠와 보낸 즐거운 시간들을 전하기도 한다. 작업실에서 무엇인가 재미난 것을 생각하고 상상하고 그것을 만들어 내는 게 이들의 주요 임무인 듯 보이지만, 꼭 작업 이야기만이 아닌 일상과 주변 이야기들 역시 작업의 소재나 주제가 되는 일이 흔하기 때문에 이런 시간들은 무척 소중하다.

창의력이란 기존에 없던 전혀 새로운 생각들이 아니다. 내 옆자리 친구의 작업을 보고 떠올리는 비슷하지만 또 다른 생각들일 수도 있고, 지난주에 보았던 영화에 나온 외계인을 떠올리며 새로운 외계인 형상을 만들어 내는 것일 수도 있다. 가족과 보낸 소중한 대화 시간에

서도 새로운 창작 소재를 찾아내는 것이며, 친구들과 나눈 메탈 블레이드나 앵그리 버드의 이야기에서도 자신만의 또 다른 아이디어를 생산해 낼 수 있는 능력인 것이다.

이러한 새로운 이야기들과 작업들은 팀 공동 작업을 할 때 매우 효과적으로 작용할 수 있다. 함께하는 공동 작업에서는 서로 다른 능력과 사고를 가진 친구들이 모여 회의를 하며 의견을 조율한다. 이는 여러 명이 하나의 작업을 함께할 때뿐 아니라, 한 작업실 안에서 여러 명이 각자의 작업을 할 때도 거치는 과정이다. 공동 작업은 다른 성향의 동료들에게서 매우 다양한 생각이 나온다는 것을 경험할 수 있고, 회의에서 동료와 의견을 조율하면서 생산해 낸 작업 결과물로 더 큰 만족을 느낄 수 있다는 장점을 가지고 있다. 아이에 따라서 동료의 의견과 같은 맥락에 있지만 약간 변형된 의견을 제시하는 경우도 있다. 이때 교사가 누구를 따라 했다는 반응 대신에 그 나름의 새로운 시각이라고 인정해 주어야, 아이에게 자신감을 심어 주고 그로 인해 더 많은 생각들을 확장해 나갈 수 있는 계기를 마련해 줄 수 있다. 교육자이며 조력자인 나는 이런 순간에 아이들의 이야기에 더 많이 귀 기울이고, 아이들이 성장할 수 있는 기회를 포착해 적절한 피드백을 해 주고자 한다. 그로 인해 인정받는다는 느낌을 경험한 아이들은 더 확대된 사고를 더 큰 목소리로 이야기한다.

친구들의 사고를 받아들이거나 혹은 자신의 의견과 조율하기도 하고, 지난주에 있었던 일들을 긴 시간에 걸쳐 잡담처럼 나누기도 하는 시간이 필요하다. 이런 과정을 거쳐 팀워크를 안정시키고 효과적인 팀으로 발전시킬 수 있다.

한 주 동안 쌓였던 생각들을 나누느라 소란스러울 때도 있다. 하

그림 112 • **팀 작업을 하고 있는 아이들**
아이들은 공동 작업을 통해 다양한 생각들을 접하고 의견을 조율하는 습관을 쌓는다.

지만 서로 먼저 이야기를 하겠다고 손드는 아이들의 모습에서 나는 '내가 아이들이 이야기를 풀어놓고 싶은 상대이구나' 하는 안도감과, 이들의 향후 작업에 대한 호기심을 동시에 느낀다. 작업실이라는 같은 공간에 모여 새로운 아이디어를 만들어 내는 연습이 무엇보다도 이들의 유년기를 풍성하게 해 줄 것이라 믿으며, 오늘도 나는 아이들의 이야기를 기다린다.

맛있는 것처럼 보이게 만들기

박경환

대학로원 교사, 성균관대학교 미술교육학과와 동 대학원 졸업,
중국 베이징 중앙미술학원 진수

"오늘부터는 축구장을 만들어 볼까?"

"와!"

1단계 반응은 축구를 좋아하는 아이들 한두 명이 작은 소리를 내는 정도다.

"다 만들고 나서는 시합도 해 보자!"

"와! 재미있겠다."

2단계부터는 여러 아이들의 눈이 제법 반짝거린다.

그래도 몇몇 아이들은 시큰둥하다.

"그런데 어떻게 만들지?"

"……."

"그냥 축구장은 재미없겠고……. 곤충 나라의 꽃밭 축구장 같은

것이면 재미있을 것 같기도 하고."

"와! 사막 축구장이오!"

"아냐! 북극 축구장이 더 재미있어!"

"우주 축구장! 외계인 축구장! 공이 보름달이야!"

3단계 반응은 가히 폭발적이다.

시끌벅적한 회의는 지금부터 시작된다. 종이를 주고 다 같이 만들 축구장을 의논하고 그려 보라고 하면 이때부터 작업실은 분주해진다.

연필을 준비하랴, 물감을 준비하랴, 망치를 준비하랴, 아이들이 여기저기로 뛰어다닌다.

어떤 수업이든 간에 무엇을 할지에 대한 교사의 제시가 필요하다. 간혹 한 아이가 제시한 기발한 발상이 수업 계획을 완전히 바꾸는 일

그림 113 • **장기석 외 2명(8세), <축구장>, 20×65×45cm**

도 있지만, 아이들에게 필요하고 유익한 무엇을 할지에 대해 제안하는 것은 교사의 권리이자 의무다. 문제는 교사의 제안이 언제나 모든 아이들의 귀를 번뜩 뜨이게 하는 것은 아니라는 점이다.

이 순간에 교사는 엄마가 되어 아이에게 당근을 먹여야 한다. 채 썰어 김밥에도 넣고 다져서 볶음밥에도 넣어, 먹음직스럽고 예쁘게 만들어 놓아야 한다.

수업 과정을 재미있는 일로 비칠 수 있게 하여 그것을 하고 싶도록 유도하는 일은 수업 전반에 걸쳐 긍정적인 영향을 미친다. 아무리 유익한 수업일지라도 아이들에게 동기가 생기지 않으면 시작부터 맥이 빠져 수업 내내 삐거덕거리기 마련이다.

동기는 마음을 사로잡는 표지이자 눈길을 끄는 포스터이고, 공감을 일으키는 카피이자 입맛을 돋우는 데커레이션이다.

시간도 되기 전에 빨리 작업실에 가야 한다고 엄마를 조르는 아이, 아파서 학교도 못 갔는데 작업실에는 꼭 가야 한다고 떼쓰는 아이, 수업을 마쳤는데도 더 하고 갈 것이라며 손을 멈추지 않아 교사가 "엄마가 기다리신다, 오늘은 그만하자"고 사정해야 하는 아이. 이런 아이들은 대개 동기가 충만한 경우다.

수업 내용을 제시하는 과정에서 중점에 둘 것은 아이가 이 일을 얼마나 적극적으로 신명 나게 할 수 있도록 하느냐의 문제다. 관심을 가지게 하고, 즐겁게 작업하게 하고, 과정과 결과에서 스스로 만족할 수 있게 해야 한다. 동기를 갖게 하는 일은 수업 전반에 걸쳐 아이들에게서 이끌어 내야 하는 항목들, 즉 집중력, 지구력, 창의력 등에 지대한 영향을 미친다.

'축구장', 이 단순한 세 글자만으로도 아이들이 별의별 장소와 구조를 생각한다면 더할 나위 없겠지만, 이것만으로는 아이들의 기발한 발상을 이끌어 내기에는 부족하다. 관심을 증폭시킬 수 있는 단초의 제시는 언제나 필요하다.

실패가 선물한 아이스크림

우리가 준비한 〈도미노〉 작업114은 첫 블록을 넘어뜨려 마지막 목표물을 쓰러뜨리는 데까지 채 1분이 걸리지 않는다. 그렇지만 이 1분은 갈고닦고를 수없이 반복해야 만들어지는 보석과도 같은 시간이다. 계획과 실험만 두 달 가까이 했으니 말이다.

그동안 여러 차례 도미노 수업을 했지만 학생들과 할 때는 단 한 번도 모든 구간을 완주해 본 적이 없다. 실망과 탄식이 쏟아지지만 "그동안 열심히 했으니 그걸로 됐다" 하고 위로하고는, 수업 후에 몇몇 교사의 도움을 받아 다시 시도하여 성공한 장면을 영상에 담아 보여 주고는 했다.

실패에 대한 아이들의 반응은 변명이 아니라 대체로 긍정에 가깝다. 실패하는 경험은 틀린 방법을 적어도 한 가지는 알게 되는 일이며, 뜻대로 되지 않아 얼굴을 찌푸리는 아이의 표정은 좌절이기도 하지만 동시에 의지이기도 하다.

또 한 번 도미노에 도전한다. 블록들이 넘어지며 터널을 통과하고 계단을 오르고 미끄럼틀을 타고 내려와 구슬을 움직인다. 구슬은 아이들이 만든 구조물을 통과하여 블록을 쓰러트리고 지렛대 위에 떨어져 다시 블록을 쓰러트리고 계단을 올라갔다가 괴물을 쓰러트린다. 이 지점에서 공이 굴러 나와 레일을 타고 내려간다. 처음 손가락을 까딱하여 시작된 도미노 물결이 교실을 한 바퀴 돌아, 상자처럼 만들어

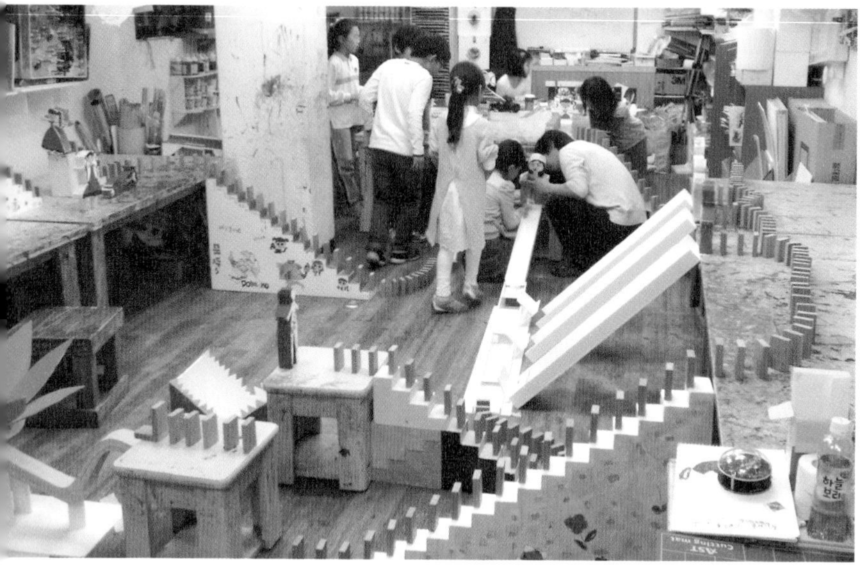

그림 114 • **이정훈 외 5명(10세), <도미노>**

놓은 악어 입속으로 마지막 블록을 넘어트리면 되는 것이다.

그렇지만 그 목표는 그리 호락호락하지 않다.

계단을 오르다 뚝!

미끄럼틀 타다 삐끗!

터널 입구에서 걸리고, 지렛대가 움직이지 않아서 실패!

시작도 하기 전에 누군가 건드려서 다시!

도미노만큼 많은 실패를 겪는 일은 없었던 것 같다. 꼬박 두 시간 동안 시도만 했던 어떤 날에는 끝내 성공하지 못해 다음 주에 한 번만 더 해 보자고 했다. 다음 주가 되었지만 상황은 그리 달라지지 않았다. 교실을 한 바퀴 도는 도미노 블록과 장치들을 설치하려면 상당한 시간이 걸린다. 같은 일을 반복하자니 여간 고되지 않다. 그래도 아이들이 꾸역꾸역 힘든 일을 참아 내는 것은 준비하는 데 들어간 두 달의 시간 때문일 것이다.

하지만 이제 1분의 보석을 보려는 의지도 바닥나기 시작한다. 다시 세울 생각을 하면 끝에 가서 멈출 바에야 초반에 멈추는 게 낫겠다는 생각까지 든다.

맥 빠진 아이가 하나둘 늘어 간다. 늦가을에 진땀이 난다. 다시 한 번 더, 한 번 더, 한 번만 더, 힘내자! 진짜 한 번만 더, 정말 한 번만……. 꼼수까지 써 가며 다독인다.

"진짜 마지막으로 한 번만 더 하고 아이스크림 사 먹자!"

수업 마칠 시간도 다 되어 가고 아이스크림으로 위로나 해 주자 싶다.

"와!" 아이들이 신이 나서 어쩔 줄 몰라 한다. 손을 맞잡고 펄쩍펄쩍 뛴다. 좋아서 입을 가리고 웃는 아이도 얼굴이 빨갛게 상기되어 있다. 마지막이라고 한 시도에서 거짓말처럼 최후의 블록이 악어 입으로 떨어지는 장면을 보게 된 것이다.

잠시 후……. 조용한 교실에서 우리는 큰 아이스크림을 하나씩 입에 물고 있다. 입에 먹을 것이 있으니 조용한 것은 당연한 일이겠지만, 아! 정말이지 달콤하고 후련한, 누구도 모를 우리들만의 상큼한 휴식!

선생님 때문에 망쳤어요!

황민희

반포원 교사, 홍익대학교 회화과와 동 대학원 졸업

"선생님 때문에 망쳤어요!"

어느 수업 시간에 한 아이가 나에게 한 말이다. 그날은 아이들이 공동 작업으로 바닷속 풍경을 그리고 있었다. 그 아이는 상어를 그리고 있었는데, 형체를 알아보기 힘들었다. 그 모습을 지켜보던 나는 상어에게 무서운 이빨이 있으면 더 멋있을 것 같다고 말했다. 아이는 잠시 머뭇거리면서 상어의 이빨을 그리기 어려워했다. 나는 그 아이가 그린 상어의 입속에 이빨을 하나 그려 주었다. 그러자 아이는 "선생님 때문에 망쳤어요!"라고 했다. 나는 그 말을 듣고 약간의 당황스러움과 함께 뿌듯한 마음이 들었다.

그 아이에게 기술적으로 조금 더 잘 그리는 것은 전혀 중요하지 않았다. 자신이 생각한 이야기를 풀어 나가는 것 자체에 몰입하고 있었고, 자신의 작품에 상당한 자신감을 가지고 있었다. 다소 알아보기 힘든 형태의 상어였지만, 자신에게는 그 어떤 상어보다 멋있고 의미 있는 것이었다.

어떤 아이는 상상력이 너무나 풍부하고 이야기를 만드는 데 탁월한 능력을 가지고 있다. 어느 정도인가 하면, 자신이 그린 그림의 내용을 너무나 구체적이고 사실적으로 설명해서 모두가 진짜로 착각한 적도 있었다. 아이의 설명을 듣고 있노라면 이야기 구성력과 자신감에 내가 부러워할 정도였다.

처음에는 못을 꽂는 것조차 힘들어하던 아이가 서툴지만 땀을 흘려 가며 망치질을 해 나가고 시간이 거듭될수록 능숙하게 작업을 해내는 모습, 종이가 뚫릴 정도로 물감을 흘리고 칠해 나가는 모습에서 어느 작가 못지않은 집중력과 진지함을 발견하게 된다. 어른의 눈으로 보기에는 작고 사소할 수 있지만, 스스로 연구하고 깨우쳐 나가는

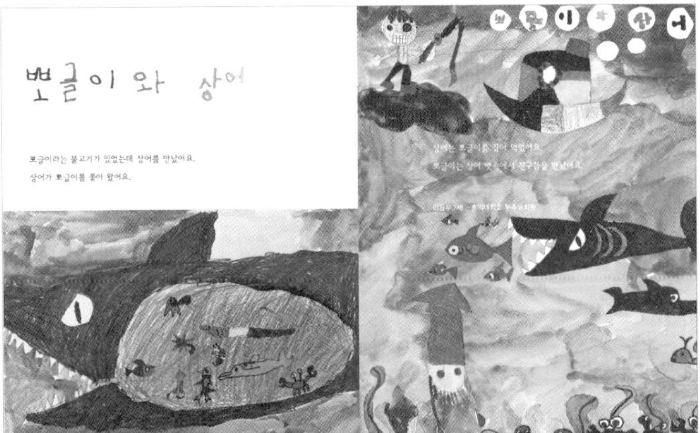

그림 115 • **이윤우(7세), <뽀글이와 상어> 동화책 중 일부**

아이들의 모습을 보고 있노라면 저절로 흐뭇한 미소가 지어진다.

누구에게나 처음은 힘들고 어려울 수 있다. 그러나 포기하지 않고 일단 부딪쳐 보는 아이들과 마주할 때면 대견하지 않을 수 없다. 저마다 생김새가 다르듯이 생각 또한 모두 제각각일 것이다. 아이들은 자신만의 생각에 시간과 노력의 땀방울을 결합하여 세상에서 하나뿐인 창작물을 창조해 낸다. 미술 작업 과정에서 출발한 크고 작은 경험이 아이의 삶을 더욱 풍부하게 해 줄 것이다. 사실적으로 잘 그리는 것보다는 어떤 생각을 가지고 표현하고 설명하는지가 더 중요하다. 그에 앞서 얼마나 집중하는가, 얼마나 자신감을 가지고 있는가가 무엇보다 중요하며, 이러한 자신감과 집중력이 창의력의 토대가 아닐까 생각해 본다.

아이들은 한 주가 다르게 성장한다. 그런 아이들을 바라보며 나 또한 조금씩 자라고 있음을 느낀다.

스페셜 다이의 반격

안경수

목동원 교사, 단국대학교 동양화과 졸업, 홍익대학교 대학원 동양화과 졸업

구슬 굴리기는 아이들이 좋아하는 놀이 중 하나다. 아이들은 구슬이 자기가 만든 길을 따라 빠르게 움직이거나 예상 궤도에서 이탈하는 모습을 보고 매우 즐거워한다. 더불어 구경하는 친구들도 일련의 조작을 통해 구슬의 움직임이 조절되는 상황을 여간 신기해하지 않는다.

우리 반 세영이와 덕용이, 승현이도 예전부터 재미있는 구슬 레일을 꼭 한 번 만들어 보자는 계획을 가지고 있었는데, 비로소 이 작업을 시도하게 되었다. 그런데 이번에는 기존의 방식에서 최대한 벗어난 작업을 해 보기로 아이들과 결론지었다. 일단 개인 작업 방식에서 벗어나 공동 작업을 통해 완성도를 최대한 높여 보기로 했다. 또한 기존의 구슬 굴리기는 평면성이 강한 편이어서, 우리는 그것과 다르게

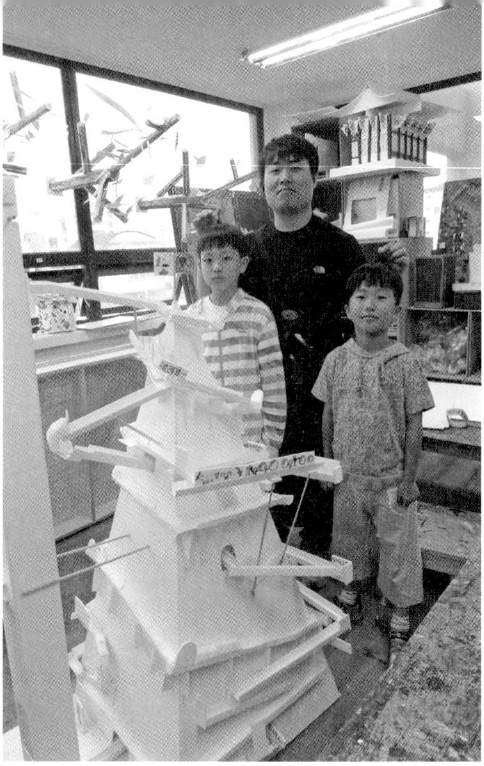

그림 116 • **양세영 외 2명(8세), <구슬 레일>, 폼 보드에 핀, 150×110×90cm**

입체감이 매우 강한 레일을 만들기로 계획했다.

먼저 세영이, 덕용이, 승현이 각자가 레일을 상상해서 아이디어를 냈고, 그 후에 각각의 개별 아이디어를 전체 레일에 모두 포함시켜 제작했다. 공동 작업이지만 각자의 아이디어가 녹아 있기 때문에 아이들 개개인은 자연스럽게 책임감과 의욕을 가지게 되었다. 작업 방식은 자기가 아이디어를 낸 레일 구간을 직접 제작한 뒤에 다른 친구의 레일과 결합하는 식이었다. 스페셜 다이special die(구슬이 낭떠러지로 떨어질 수도 있는 위험한 구간)나 수직 터널과 같이 위험한 구간이 뒤섞인 총 6종류의 길을 만들고, 구슬이 어디로 갈지 모르게 여러 갈래의 길로 갈라지는 5개의 랜덤 로드random road를 설치하는 등 짧지만 복잡하고 위험하지만 박진감 넘치는 길들을 장치했다. 그리고 여러 구슬을 동시에 굴려서 레이싱 게임처럼 즐길 수도 있게 했다. 구슬이 도착하는 최종점에서는 엘리베이터를 설치해서 구슬을 직접 만지지 않고도 꼭대기 출발점으로 이동시키게 하여 아이들의 흥미를 자아냈다.

이렇게 생각을 요구하는 작업은 아이들로 하여금 자연스럽게 작업에 몰두하게 한다. 쉽게 결론을 내리기 어려운 난제들을 풀어 가는 과정은 실패를 거듭하는 실험이 된다. 이러한 작업은 주제의 흥미성보다는 거듭된 시도를 통해 작품을 완성해 나가는 자발적 성취감에 더 큰 의미를 두는 것이다. 나에게 이 작업은 어리지만 어리지만은 않은 우리 아이들이 자발적인 성취감을 포기하지 않고, 레일 하나하나를 완성해야 한다는 책임감도 버리지 않아서 너무나 고마웠던, 매우 재미있고 진지한 작업이었다.

아이의 마음을 이해하고 온전히 받아 줄 때 비로소 또 다른 능력과 모습을 볼 수 있었다

박정국

잠실원 교사, 홍익대학교 동양화과와 동 대학원 졸업

말이 늦게 트여 걱정이 많이 됐던 나의 아들 슬우는 40개월쯤부터 여러 기관에 상담과 수업, 그리고 치료를 받으러 다녔다. 그 당시 나는 발자국에서 선생님으로 아이들과 즐겁게 수업을 하고 있었고 학부모님들과의 상담도 능숙하게 했는데, 막상 나의 아이에게는 무엇을 해줘야 하는지 몰랐고 더욱이 슬우의 아빠로서는 걱정과 초조만으로 하루하루를 미숙하게 보냈다.

슬우의 선생님과의 상담에서는 매번 아이의 부족한 부분과 고쳐나가야 할 부분에 대한 얘기를 들었다. 아이의 손을 잡고 지하철을 타고 집으로 돌아올 때면 늘 무거운 발걸음이었다. 한번은 너무나 속상한 마음에 선생님에게 "우리 아이는 잘하는 것이 하나도 없나요?"라고 되물으며 언제까지 지적을 받아야 할지 모르겠다고 하소연을 한 적이 있었다. 아이를 긍정적으로 바라봐 주길 바라는 간절함이 그렇게 표현되기도 했다.

말이 늦어 자신감이 없어 하는 슬우에게 어떻게 해서라도 자신감을 키워 주고 싶어서 내가 선생으로 있는 발자국의 빈 방을 찾아 슬우를 넣었다. 여러 재료를 주며 구경만 해도 좋고 관심을 가지면 더더욱 좋겠다는 생각을 했다. 그렇게 시작한 슬우의 미술 시간은 못질도 해보고 물감도 휘휘 저어 보는 작업으로 이어졌다. 그런 슬우를 보고 있자니 신기하기도 했다. 꼬물꼬물한 작았던 손이 언제 이렇게 커서 망치를 직접 두드리나 싶기도 해서…….

슬우는 유독 공룡과 곤충 그리고 강한 괴수들의 대결 구도를 좋아했다.117 상담사 선생님은 이를 두고 상호 관계에 대한 미성숙으로 해석해 주시곤 했던 것 같다. 이 해석은 나도 모르게 아이에 대해 갖게 된 편견 중 하나로 자리 잡게 되었다. 마치 이 마니아적인 부분을 벗어나야 한층 더 나아질 것 같다는 생각이 들었다. 그런데 미술의 작업 과정으로 들어가 보면 슬우는 좋아하는 부분을 가감 없이 표현한다. 작가로서 더없이 좋은 성향인 것이다.

슬우를 키우다 보면 초창기 강사 시절에 가르쳤던 아이들이 종종 생각나면서 과거 내 자신을 되돌아볼 때가 많다. 2008년 봄에 7살 정현이가 들어왔다. 남자아이인데 낯을 많이 가렸고 주장하는 부분이 딱히 없어서 선생인 내가 주도하여 소방차를 만들어 냈다. 수업이 끝나고 어머니에게 정현이의 문제점과 이러이러한 방법으로 해결해 보겠다는 계획을 말씀드렸다. 어머니는 한참 이야기를 듣고 이런 말을 남겼다. "선생님, 저희 정현이 천천히 지켜봐 주세요. 할머니랑 함께한 시간이 길어서 그런 거 같아요. 잘해 나갈 거예요." 정현이 어머니의

그림 117 • **(좌)박슬우 작업 전경**
공룡과 곤충, 강한 괴수들의 대결 구도를 표현하는 작업 과정

그림 118 • **(우)박슬우(7세) 작품**
병원에 계신 할머니께 드리는 선물

아이에 대한 믿음이 갑자기 슬우 아빠로서의 모습을 부끄럽게 만들었고 정현이를 긍정적으로 바라보아야겠다는 선생으로서의 강한 책임감으로 돌아왔다. 정현이와는 미술적 재능을 키우는 수업이 아닌 따뜻하게 감싸 안으며 교감하는 시간을 가져야겠다고 생각했다. 그렇게 정현이와 나는 13살이 되던 해까지 함께했다.

2010년 가을에는 윤수가 들어왔다. 윤수는 미국에서 살다가 7살에 한국에 오게 되었는데, 그림을 그리거나 작품을 하다가 마음대로 되지 않으면 분을 참지 못할 때가 있었다. 윤수 역시 미술적 재능을 키우는 것이 아닌 아이의 마음을 다독이는 수업을 이어 가기로 했다. 그리고 어려움을 함께 이야기하면서 아이의 마음을 달래 주는 시간을 많이 가졌다. 그런 중에 윤수는 초등학교에 입학했고 미국과 환경이 많이 달랐던 한국 학교에서의 적응에 어려움이 있었다. 특히 받아쓰기를 힘들어해서 매번 스트레스를 받았는데, 한번은 받아쓰기 날이라서 행복하다고 했다. "오늘은 너한테 힘든 날이잖아?"라고 묻자 윤수는 "아니에요. 받아쓰기는 힘들지만 엄마가 제 마음을 알아 주시는 날이에요"라고 답했다. 아이를 향하는 부모의 믿음이 아이에게 얼마나 중요한가를 알게 해 준 날이었다. 가족 간의 믿음은 어떠한 어려움도 극복하게 해 주었던 것이다.

슬우에 대한 나의 믿음은 아주 연약했다. 큰 욕심이 있던 것도 아니고 다른 아이들보다 뒤처지지 않았으면 좋겠다는 소박한 바람뿐이었는데, 그것을 못해 주는 슬우를 원망하기도 했다. 언어 치료를 받고 집으로 돌아가는 지하철에서 그렇게 슬우는 아빠 눈치를 봤을 것이다.

미술 수업을 열심히 받던 슬우가 학교를 들어가게 되고 그림일기를 쓰면서 일상에서 특별한 사건들과 느낌을 기록하는 일들이 조금씩 생기게 되었다. 닥터피쉬 수족관에 발을 담근 적이 있었는데 그때의 발가락 느낌에 대해서 이야기를 주고받자 불현듯 생각이 났는지 발을 그려 놓고 발에 자석을 달아 물고기들에게 핀을 붙여 발에 달라붙게 하였다. 또 한 번은 할아버지가 큰 수술을 하시고 병문안을 가게 되었을 때 기운 없어 하는 할머니를 보고 할머니께 선물을 한다면서 볼펜으로 화단에 꽃들을 그려 놓았는데 꽤 근사했다.118 그렇게 슬우는 생활을 말보다는 그림으로 표현하는 멋진 아이로 자라고 있다. 이제는 말도 아주 능숙하게 잘한다.

아이에 대해서 온전히 이해하고 조급해하지 말고 끊임없이 믿어 주고 기다려 주자.

슬우의 마음을 이해하고 온전히 받아 줄 때 비로소 또 다른 능력과 모습을 볼 수 있었다. 내가 학생들을 대할 때 해 왔던 그 과정은 내 아이에게도 당연히 필요한 것이었다.

다양한 표현 다양한 작품들

이호진

목동원 교사, 홍익대학교 회화과와 동 대학원 졸업

<건담 그림>

건욱이는 2학년 친구인데 7살 때부터 자기 부상 열차, 미니카, RC카를 좋아하고 그걸 가지고 작품들을 만들어 오던 중에 2학년부터는 건담 조립에 관심이 많아졌습니다. 몸에 힘이 넘치는 아이라서 집중하거나 차분히 앉아서 작품을 하는 스타일은 아닌데 본인이 관심을 가지는 분야에서는 평소의 4배 정도 노력을 쏟아붓습니다. 건담 그림을 잘 그리고 싶어 해서 로봇을 그릴 때 중요한 부분들을 알려 주고 참고할 그림도 보여 준 뒤 작업을 시작했습니다. 특히 관찰하는 방법이나 자세를 많이 얘기해 주었고 보여 주었더니 상당히 느낌 있는 그림을 그렸습니다. 채색은 진하게 할 것인지 렌더링처럼 가볍지만 멋있게 할 것인지 고르게 해서 렌더링 기법으로 그린 것입니다.[119]

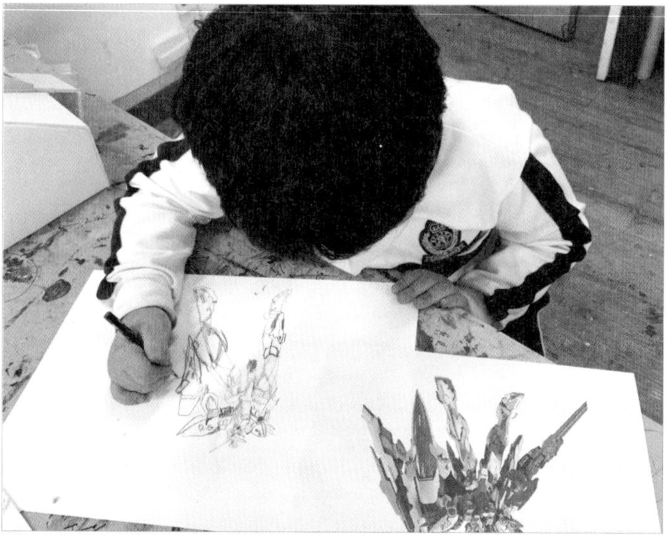

그림 119 • 이건욱(9세), <건담>, 종이에 연필, 관찰 그리기

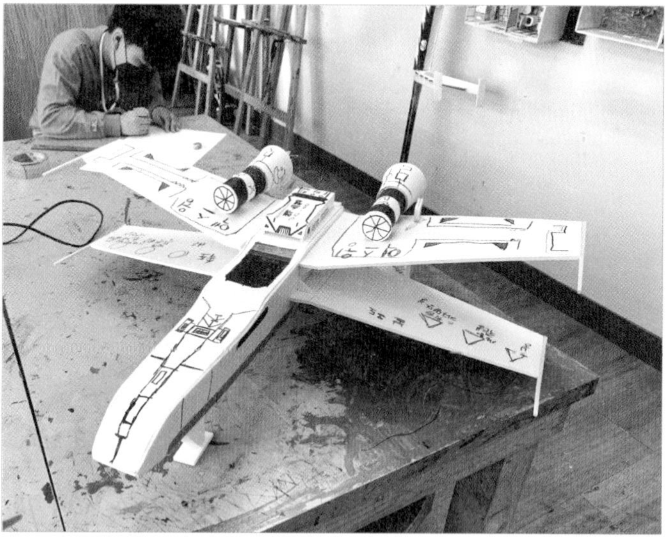

그림 120 • 권연준(11세), <X-WING>, 폼 보드와 재활용품

<스타워즈 엑스윙>

연준이는 4학년 친구인데 요즘엔 그림에 부쩍 관심이 많고 잘 그리고 싶어 합니다. 어릴 땐 총과 칼만 고집하던 아이였는데 한 학년씩 올라가면서 관심도나 작품을 만드는 실력도 단계적으로 상승하고 있습니다. 〈스타워즈〉에 나오는 엑스윙이라는 우주 전투기를 만드는 중인데 사실적으로 표현하는 수업 시간이고 중간에 반드시 하나 이상씩 기성제품을 재활용해야 해서 휴지심, 종이컵, 나무젓가락 등을 사용해서 제작 중입니다.[120] 그리고 이 전투기는 전투할 땐 날개가 X자로 벌어지고 평소엔 일자로 합쳐지기에 수동이지만 그걸 어떻게 작동시킬지 4주간 계속 생각하게 했습니다. 중간중간 전에 만들었던 작품들의 예도 들고, 힌트도 주고 하여 아이가 생각한 원리로 날개가 움직이도록 뒷부분에 간단한 장치를 달아서 완성한 작품입니다.

<로봇 볼트론>

다엘이는 완벽주의의 성향이 있는 친구입니다. 3학년 남자아이인데 발자국에서 로봇을 네 번째 만들고 있습니다. 하지만 아직 완성된 건 없습니다. 그렇지만 몇 번 만들어 보면서 이젠 만드는 과정에 대한 계획이 꽤나 확립되어 있다고 느껴지는 친구입니다. 같은 나이대 아이들보다 좀 더 체계적이고 완벽을 추구하려 하지만 아직 표현력이 본인 마음에는 들지 않는 것 같습니다. 지금도 충분히 차고 넘치게 잘 만드는데 정작 본인은 똑같이 만들고 싶어 합니다. 저도 그걸 존중해서 "네가 맘에 들 때까지 시간이 얼마나 걸리든지 괜찮으니 만들어 보라"고 하여 지금 또 다른 작품을 6주 정도 진행 중입니다. 사진 속 로봇[121]은 볼트론이라는 사자 다섯 마리가 합쳐지는 로봇인데, 현재는

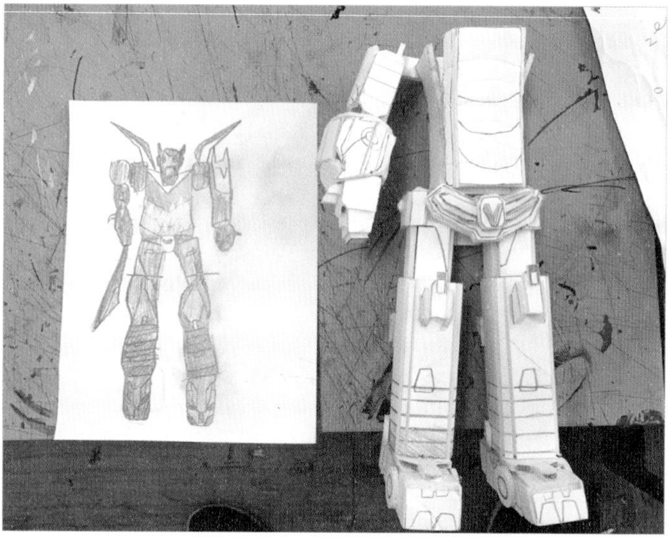

그림 121 • 이다엘(10세), <볼트론>, 폼 보드에 연필

그림 122 • 류지호(11세), <다목적 총>, 폼 보드에 아크릴

중단된 상태이고 향후에 꼭 완성하겠다고 합니다. 작품을 제작하다가 그만둔 이유는 너무 단순한 각으로만 만들어지는 것이 싫었다는 것입니다. 지금 제작 중인 범블비는 모든 부분을 오로지 아이의 힘으로 만들고 있습니다. 생각, 그리기, 커팅, 붙이기, 틀리면 고치기 등 상당한 작업력을 보여 주는 친구입니다.

<다목적 총>

지호는 4학년인데, 지금 현재 군인이 쓰는 총을 작동되게 만들고 싶다고 해서 제작한 결과물이 미래의 총처럼 된 경우입니다.[122] 실제 총을 보고 그렸지만 폼 보드에 크게 옮기는 과정에서 형태나 크기, 비례 등이 달라졌습니다. 하지만 그대로 잘라서 만드는 중에 아이에게 원래 만들려던 총과 다른 점이 무엇인지 얘기해 보라고 한 결과 정확히 짚어 냈습니다. 선생님은 오히려 지금의 모양이 더 미래의 총 같고 성능도 좋아 보인다고 말해 주었더니 본인도 그렇게 생각한다면서 달라진 부분의 기능과 더 많은 총알이 들어가는 등의 새로운 계획이 세워졌습니다. 이 작업을 할 때 아이가 매일 수업날만 기다린다는 말을 했다고 합니다. 원래 계획했던 총의 기능인 고무줄의 탄성을 이용하여 방아쇠를 당기는 것, 탄창을 탈착되게 하는 것 등이 가능하도록 만들었습니다. 아이들은 방아쇠가 작동되면 최고의 만족감을 느끼는 것 같습니다.

<잠자리>

1학년 친구들 3명이 같이 작업한 〈잠자리〉[123]는 한 친구가 집에서 안 쓰는 프린터기를 가져와서 다 같이 분해하는 시간을 가지며 프린터

그림 123 • 공동(신채우, 김정완, 김태희) 작품(8세), <잠자리>, 폼 보드·프린터기·키보드 등 재활용

기 안에 이런저런 것들이 있는 것을 보고 중간중간 나오는 부속들로 뭘 만들면 좋을까 하는 관찰과 생각, 대화의 시간 끝에 만들어진 것입니다.

그렇게 프린터기를 모두 분해한 후에 의견이 분분해서 카세트와 키보드도 같이 분해해 보던 와중에 카세트의 몸통 부분이 곤충의 머리와 눈 같다는 의견에 합의가 이루어졌습니다. 나사로 이빨도 달고 머리 안쪽에 눈 속 시신경과 눈 근육을 움직이는 톱니바퀴, 안구, 뇌 등의 부품들과 다른 재료들을 합쳐서 머리를 만들고, 나머지 큰 부품으로 몸과 날개를 만드는 중입니다. 지금은 일단 중단되었지만 아이가 복귀하면 다시 재개할 작품입니다.

새로운 재료에 더 새로운 방법을!

양동주

마포원 교사, 홍익대학교 회화과 졸업, 동 대학원 수료, 국민대학교 교육대학원 졸업

오늘도 어김없이 시시한 농담으로 수업을 시작합니다. 무엇을 어떻게 만들지 결정하는 것을 기다려 주는 시간입니다.

오늘 온 친구의 수다 첫마디는 놀이터입니다. 한 친구의 입에서 '놀이터'라는 단어가 나오자마자 아이들은 수업은 뒷전, 마음은 이미 놀이터에 가서 초흥분 상태의 수다가 시작됩니다. 그러면 놀이터 만들기를 해 볼까 싶다가도 아니지…… 작업에서 떠나 버린 마음을 붙잡기에는 턱없이 부족할 겁니다. 그냥 기다려 주다 보면 아이들은 놀이터에서 술래잡기, 친구, 코딱지, 방귀, 똥까지 알 수 없는 수다의 흐름을 지나 생각이 하나둘 다시 작업실로 돌아옵니다. 그때부터는 그림을 그려 보자고 쥐어 준 종이를 오리고 구기며 자유롭게 흘러가던 수다처럼 나름의 방법으로 그들만의 자유로운 작업 시간을 보내기 시

작하는 겁니다. 아이들이 일정 주제에서 벗어나는 것을 말릴 생각은 들지 않습니다. 이렇게 가끔은 오롯이 아이들에게 맡겨 보는 것도 좋다는 생각입니다.

자유로운 상상의 흐름에 가장 필요한 것은 바로 다양한 미술 재료입니다. 모든 작업의 시작은 가벼운 마음이 아니겠습니까? 수다 시간과 동일하게 여러 재료를 늘어놓고 아이들의 상황을 지켜봅니다. 다양하게 펼쳐진 재료들을 앞에 둔 아이들은 쉴 새 없이 이것저것 만지고 그리고 부러뜨리거나 구부리거나 하는데, 이를 가만히 구경하는 시간들이 결코 의미 없는 시간은 아닐 것입니다. 증명하긴 어렵지만 아이들은 탐구하고 선택하며 그것의 활용법을 찾아가는 과정을 통해 스스로 긍정적인 경험을 하고 있음이 분명합니다.

하지만 하루하루가 새로운 것들로 넘쳐나는 아이들의 눈앞에 놓인 몇 가지 재료들만으로는 그들의 깊은 몰두와 집중을 유도할 수 없습니다. 재료 탐색이 여러 번 거듭되면 단순히 시간을 보내는 수단이 되어 버려 비슷한 결과만을 반복하게 되기 일쑤입니다. 이럴 때마다 선생으로서 바라만 보지 않고 해 줄 수 있는 게 무얼까 다시 고민하게 되는데, 어찌 되었든 결국 답은 더 새롭고 다양한 재료입니다. 12색 색연필이 48색이 되고 노끈에서부터 쿠킹호일, 반짝이는 구슬까지, 될 수 있으면 재료 선택의 폭을 넓혀 아이들의 상상의 넓이를 극대화하는 것입니다. 광장시장, 인터넷에서 쉼 없이 보물찾기처럼 재료를 찾아다닌 끝에 새로운 재료들이 하나둘 보태어지면 아이들의 상상의 세계는 그 배로 아니 백 배로 넓어질 것입니다. 내일은 더 새로운 재료들을 보고 눈이 반짝거릴 아이들을 볼 뿌듯함에 잠을 설치기도 합니다.

이렇게 도구와 재료에 대해 깊이 고민하고 연구하면서 수업을 하다 보면 재료 자체에 대한 탐색에서 더 나아가 그것의 사용 방법도 아이들의 무한한 생각들을 펼치게 할 수 있다는 것을 깨닫게 됩니다. 한 가지 재료를 가지고 할 수 있는 다양한 쓰임새를 알려 주면 아이들은 같은 재료로도 새로운 작품을 만들어 냅니다. 이렇게 익숙해진 재료들의 또 다른 활용법을 아이들과 함께 고민하고 연구하는 것이 저에게도 흥미로운 시간이 되어 갑니다. 매일 새로운 것들이 넘쳐나는 아이들에게 새로운 재료들 자체에 집중하는 유통 기한은 짧았지만 다양한 활용법을 알게 된 우리에겐 무한한 상상만큼이나 더 큰 작품의 세계가 펼쳐집니다.

단순히 이어 붙이는 정도로만 이루어지던 활동이었지만 못으로도 뚫을 수 없는 투구를 종이로 만들고, 넘치는 에너지로 두드려 납작해진 철사는 꽃으로, 칼싸움에만 쓰였던 스폰지 끈으로는 거친 파도를 만들었고, 가위질이 재미있다며 이것저것 마구 자른 재료들은 곱게 싸서 엄마가 좋아하는 딤섬으로 만들어졌습니다. 마구 뭉쳐 놓은 비닐은 개구리124로 만들어지기도 했습니

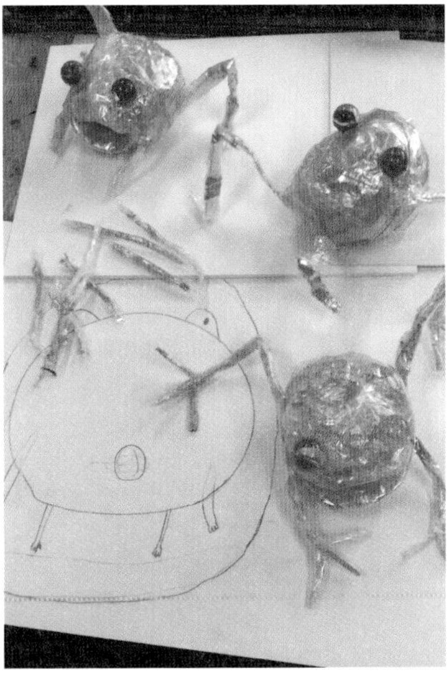

그림 124 • **홍재윤(8세), <낼름 개구리>, 비닐·스카치테이프·유리구슬**
개구리에 대한 이야기 중 표면 질감에 대한 인상이 깊어 표면을 표현하는 데 중점을 두고 재료 탐색과 재료 활용을 중심으로 만든 작품이다.

다. 연장을 탓하지 않는 고수들처럼 못할 게 없어집니다.

차츰 아이들은 스스로 재미를 찾습니다. 몇몇 아이들에게 그간의 작은 경험이 레고보다 재미있는 장난감이 되었고 학교에서는 차별화된 결과를 만들 수 있는 실력이 되기도 했습니다.

아이들은 회전목마도 롤러코스터 같은 특별한 기구도 없는 모래사장 놀이터에 매일 가기를 기다립니다. 스스로 재미를 찾아가기 때문일 것입니다.

멀리 찾아가지 않아도 특별한 준비를 하지 않아도 스스로 재료를 자르고 붙이며 즐거울 수 있는 그런 놀이터 같은 작업실을 만들어 주자는 원대한 목표로 오늘도 전 다양한 재료를 찾아 시장과 온라인 재료상을 뒤집니다.

아이들과 함께 문제를 해결해 나가는 교사

이지현

청담원 교사, 서울여자대학교 대학원 서양화과 졸업,
University of Illinois at Urbana-Champaign(일리노이 대학교) 대학원 Fine Arts 졸업

발자국의 수업은 진도 위주의 교과 과정들을 가르치는 다른 여느 수학, 과학이나 영어 학원, 입시 미술 학원 등의 수업 방식과는 분명히 다릅니다. 선생님들이 준비된 범위의 내용을 학생들에게 강의하거나 정답을 추론해 내는 방식이 아니다 보니 처음에 가장 많이 헤매고 익숙하지 않았던 사람은 원 전체를 통틀어 바로 저였습니다. 오히려 아이들은 오늘 그 익숙하지 않은 부분을 더 매력적이고 흥미롭게 느끼는 거 같습니다.

이곳에는 정답은 당연히 없을뿐더러 오늘 무엇을 해야 할지에 대한 계획조차 필요가 없습니다. 숙제도 준비물도 없지요. 대신 아이들은 하고 싶은 것들을 일주일간 모아 놨다가 작업실에 들어서자마자 시끄럽게 말하고 바로 주저 없이 시작합니다.

그렇기 때문에 선생님들 역시 아이들이 수동적인 자세로 수업에 참여하는 것이 아니라 보다 적극적으로 자신의 생각을 표현해 낼 수 있도록 자유로운 분위기를 만드는 것이 중요한데, 처음에는 그것이 그렇게 어려웠습니다. 작업실을 들어오면서 생각지도 못한 것들을 만들고 싶다고 열정을 가득 담아 소리치는 아이들을 보면, 최대한 원하는 것을 만들 수 있도록 도와주고 싶은데 저 역시도 정해진 길과 답에만 익숙해져 있던 어른이라 막연함과 두려움부터 앞서기 일쑤였습니다.

이러한 문제들은 더 오래 발자국에 계셨던 선생님들의 수업을 구경하면서 하나씩 해결되었습니다. 처음에는 옆 반 수업에 방해가 되지 않을까 걱정이 되어 해 보지 않은 것들, 이곳에 있는 재료로는 만들기 어려워 보이는 것들, 작품을 움직이거나 세우기 위한 구조적인 문제들에 부딪히게 될 때면 아이들을 데리고 쉿! 조용!을 외치며 옆방 수업을 구경하러 갔습니다.

그러다가 눈치를 보며 들어가서 하나씩 질문을 하기 시작했는데, 오히려 이곳의 선생님들과 아이들은 수업 시간에 생기는 다양한 변수와 새로운 문제들에 신나 했습니다. 새로운 문제를 가지고 물어보면 선생님, 아이 할 것 없이 머리를 맞대고 모여서 해결 방법을 같이 고민해 주었습니다. 그런 과정에서 그들도 새로운 영감을 얻어 만들고 있던 작품의 방향성을 바꾸기도 했습니다.

그렇게 저와 아이들은 여러 가지 실패와 도움 요청, 재도전을 거치면서 성취감을 맛보게 되었고, 시간이 지날수록 미술적 감각은 물론 재료 선택이나 입체 작업에서 부딪히는 상황들에 대한 문제 해결 능력까지 키워 나가게 되었습니다. 그 속에서 가장 많이 배우고 뿌듯

그림 125 • 수업 시간에 자유롭게 모여서 토론을 하는 아이들

함을 느낀 사람은 바로 저였던 것 같습니다.

요즘은 수업 시간에 아이들과 끊임없는 대화와 소통의 방식으로 결과물을 쌓아 나가는 것이 즐겁고 기다려집니다. 틀에 박힌 정형화된 수업이 아니고 정답이 정해져 있지 않기에 발자국에서는 항상 아이들마다 조금씩 다른 창의적이고 재미난 작품들이 탄생하게 되는 것 같습니다. 아이들의 발자국 소리와 걷는 속도가 다 다르듯이 참 다양한 연령대의, 다양한 성향의 아이들을 수업에서 만나게 되는 건 정말로 행운입니다. 부모님들과 상담하는 순간이나 아이들과 수업을 하는 상호 과정 속에서 저희 선생님들도 가르치기만 하는 것이 아니라 도리어 아이들에게 순간순간 에너지를 얻고 발자국에서 무언가를 끊임없이 배워 나가며 같이 성장해 나가고 있는 기분입니다.

이제 각 작업실에서 오랜 시간과 노력을 거쳐서 완성된, 아이들의 기발한 생각들이 묻어 있는 다양한 작품들을 만나는 매일매일이 언제나 설레고 행복한 순간입니다. 내일은 또 발자국 친구들이 어떤 멋진 작품들을 품에 안고 함박웃음을 지으며 자신감 있게 작업실에서 걸어 나올지 기대해 봅니다!!!

책을 마치며

×

열정과 감동, 이제는 사랑

발자국이 커 온 길을 되짚어 보자니 참으로 많은 사연들과 자랑거리들이 있다.

역시 그중에 가장 큰 자랑거리는 처음 시작이 4명의 꼬마들이었고 장소는 누추하기 그지없는 내 작은 작업실이었다는 것이다. 몇 번씩 되짚어 생각해도 얼마나 대견하고 자랑스러운 첫 시작인지……. 가르칠 친구들이 없어 같은 동네에 사는 딸 친구들을 모았는데 미술을 전공했다는 것으로 그 부모들을 설득했다. 잘해 보겠다는 약속을 지키기 위해 밤낮없이 프로그램 연구만 한 것 같다. 나는 첫째 아이와 두 살 터울 동생인 용석이의 재롱을 세 살부터는 거의 기억하지 못한다. 머리와 가슴, 그 모든 것들을 수업 준비를 위해 썼기 때문이다. 올 초에는 20년 동안을 잘 버텨 준 작업실을 대대적으로 수리했다. 아주 낡은 곳이라 수리비가 너무 많이 들어서 이사를 해 볼까 하는 생각으로 몇 군데를 다녀 보았는데, 정든 곳을 떠난다는 것은 쉬운 일이 아니었다. 주변이 온통 고물상이던 옛날과 비교해 보면 지금은 작은 공원이 들어서고 분수까지 나오는 전망 좋은 작업실이 되었는데, 그 주변의 발전한 모습이 발자국 작업실의 성장한 모습 같아서 알게 모르게 더 정겨운 곳이 되어 왔던 모양이다. 떠날 생각을 하니 아쉽고 미안한 마음까지 들었다. 지금의 '발자국 소리가 큰 아이들'은 그 누추한 곳에서 열정 하나로 그렇게 시작되었다.

낮에는 아이들 수업, 밤에는 프로그램 개발, 또 어머니들 상담, 전화 받는 일, 시간표 짜는 일, 수강료 받는 일에, 그리고 어떨 때는 자동차 빼 주는 일까지.

영세한 학원이다 보니 나 혼자서 이런 일들을 다 맡아 할 수밖에 없었는데 그날은 먹는 물이 떨어진 것을 몰랐다. 암사동에서 마포까지 다니던 규현이 어머니가 교통 체증으로 짜증이 났는지, 정수기 물이 떨어진 것을 보고 옆 식품점에서 물을 사다 주면서 "쯔, 쯔" 했던 기억이 난다. 규현이 어머니는 6년을 다니는 동안 계속 작업실의 물을 챙겨 주었는데, 그런 학부모님의 배려가 20년이 훨씬 넘는 발자국의 시간을 만들어 주었다고 생각한다. 감사한 마음뿐이다.

조금 쌀쌀한 것 같은 이른 봄이었다. 문예진흥원(지금의 한국문화예술위원회)에서 이한신이라는 분이 찾아왔다. 개정 전의 이 책을 들고 와서 자신의 아이가 여섯 살이라고 했다. 그러면서 "이 프로그램을 진흥원으로 가지고 와서 제 아이에게도 이 교육을 시키고 싶고 더 많은 아이들에게 기회를 주고 싶습니다"라고 했다. 20년이 지난 지금까지도 나는 그분의 그 표현에 감동했던 그때를 잊을 수 없는데, 아르코ARKO

(한국문화예술위원회의 영문 약칭) 미술관의 '발자국 소리가 큰 아이들'은 그렇게 시작되었다. 사교육 기관으로 시작해서 공공 기관의 인정을 받은 새로운 형식의 프로그램이 된 것이다.

초기에 제일 힘들었던 일을 꼽으라면 역시 좋은 교사들을 뽑는 일이었다. 지금은 좋은 교사들의 이력서가 쌓여 있을 만큼 우리 작업실은 젊은 작가들에게는 좋은 직장으로 인식되고 있다. 하지만 그때는 환경이 열악한 작은 학원에서 꼬마들을 가르치는 일은 작가로서는 회의스러운 경력이 되고도 남았을 것이다. 좋은 교사들에게 아이들을 오래도록 부탁하기 위해서는 많은 수업 시간이 보장되어야 했다. 그래서 더 많은 분원이 필요했고 이런저런 이유로 발자국은 현재 열 곳이 넘는다. 각기 다른 사연으로 생겨난 각 분원들은 각기 다른 색깔과 개성으로 마치 우리 친구들이 크는 것처럼 그렇게 커 왔다.

발자국 교사들은 아이들과의 수업을 위해 밤낮없이 연구한다. 본인의 작업을 하듯이 아이 한 명 한 명의 개성을 지켜 주려는 소중한 생각으로 많은 시간과 진정한 마음을 쏟고 있는 것이다. 아이들과의 작업 중에 불쑥불쑥 튀어나오는 엉뚱하고 기발한 문제들을 해결하려면 끊임없는 연구가 필요하리라. 교사들은 모두 다 이러한 열정으로 아이들을 만나고, 아이들은 또 아이들대로 뜨거운 열정을 쏟고 있다. 완성한 비행접시를 집으로 가져가다 날개를 부러뜨리고 나서 그 주인 꼬마가 어찌나 울던지. 다시 고칠 수 있다 해도 순간의 소중함이 그칠 줄 모르는 눈물을 자꾸만 만들어 내는가 보다.

모두와 함께했던 20년이란 세월은 정말 긴 시간이다.

자랑스러운 첫 시작을 만들었던 열정.

학부모의 배려에서 받은 감동.

울던 꼬마의 열정과 우리 교사들의 열의.

모두가 얼마나 사랑스러운지…….

뜨겁던 열정과 벅찬 감동이 이제는 따스한 사랑이 되었다.

그래서 이제는 사랑으로 시작해 보고 싶다.

이 책은 미술 교육으로 아이들을 만나려는 교사들에게는 지도서가, 아이를 창의적으로 키우기를 원하는 부모들에게는 지침서가 되기도 할 것이다.

아이를 창의적으로 키우는 부모의 역할은 더 이상 선택 사항이 아니라 시대적 요청이 되었다. 그렇기 때문에 부모로서나 교사로서의 바른 자세를 다시 한 번 되새기고 싶다. 무엇보다 직접 아이들을 만나고 가르쳐 본 교사라면 누구나 알 것이다. 창의적인 능력은 가르치고 키우는 것이라기보다는 타고난 능력을 얼마나 잘 지켜 주느냐의 문제라는 것을. 창의력은 어쩌면 머리의 문제가 아니라 태도의 문제일 수 있다. 그렇기 때문에 선행 학습과 같이 머리에 많은 지식을 넣는 교육보다는, 많은 실패를 거듭하면서도 성공할 때까지 계속 도전하는 태도나 새로운 것을 계속 창조하려는 태도를 일상의 습관으로 만들어 주는 교육이 필요하다. 어린아이들의 호기심에 찬 눈망울과 그들의 생각, 몸짓, 표정, 그 어느 것 하나 신비스럽지 않고 기발하지 않은 것이 없다. 아이들에게서 성급한 답을 기대하며 타고난 창의력을 망치는 일이 이어지지 않기를 바라는 마음에서 이 책을 다시 만졌다. 오랜 시간이 흘러 다 성장한 자식을 보는 부모의 입장에서도 창의적인 아이를 키우는 가장 좋은 방법은 부모의 여유로운 자세라는 것을 다시

그림 126 • **박성우 외 2명(8세), <우리가 원하는 놀이터>**
어른들이 만들어 놓은 놀이터에 만족할 리 없는 아이들은 "우리가 원하는 놀이터"를 만들고 자신이 제작한 시소와 의자에 앉아 있다. 아이들이 원하던 대로 그네에 TV를 달아 주지 못해 아쉽다.

한 번 강조하며, 아이들을 믿는 현명한 부모가 되기를 권해 본다.

이 글의 앞에서 발자국을 시작할 당시의 어려움과 열정을 소개해 보았다. 자칫 잘못하면 자화자찬이 될 듯하여 몇 번을 망설였으나, 그래도 그때를 더듬어 본 이유는 지금 막 교사의 길로 들어서는 이들에게 희망이 되기를 바라는 마음에서다. 뜨거운 열정만 있으면 어려운 환경에서도 성공할 수 있다고 그분들을 격려하고 싶었다. 부록에 실은 발자국 교사들의 글을 통해 교사의 바른 자세를 진지하게 배워 주기를, 아니 느껴 주기를 바란다.

가끔 이런 질문을 받는다. 정말로 좋은 선생님이 되고 싶은데 어떻게 해야 좋은지……. 구체적인 답 대신 아침에 읽은 기사가 너무 좋아서 소개해 본다. 미국의 베스트 바이Best Buy라는 마켓의 좋은 서비

스에 초점을 맞춘 경제 기사이지만 교육에 관심이 많은 나의 시선은 선생님들에게 이런 마음이 있으면 좋겠다는 부분에 끌렸다. 베스트바이에서 산 장난감 공룡이 고장 난 것을 알고 교환하러 온 3살 꼬마에게 그곳의 직원은 여느 곳처럼 진열대에서 새로운 장난감을 가져오면 교환해 주는 쉬운 방법을 택하지 않았다. 꼬마 고객에게 마치 그들이 의사인 것처럼 고장 난 공룡을 수술하겠다고 카운터 뒤로 가져가서 새로운 것으로 슬쩍 교체한 후 "다 나았다"고 하며 살아난 공룡을 주었다. 그 꼬마 손님은 어떤 마음이었을까? 그것을 본 엄마는 어떤 마음이었을까? 그 모든 것들을 생각하니 입가에 웃음이 그치지 않는다. 이런 마음가짐이면 되겠다.

아이를 창의적으로 키우기를 바라는 부모들, 창의적 교육으로 새롭게 아이들을 만나려는 교사들에게 내 경험이 올바른 나침판이 되어, 현명한 부모와 따스한 교사의 역할에 도움이 되기를 진심으로 바란다.

2021년 10월

김수연

발자국 소리가 큰 아이가 창의적이다

초판 1쇄 발행일 1998년 6월 15일
개정 1판 1쇄 발행일 2006년 2월 20일
개정 2판 1쇄 발행일 2014년 11월 20일
개정 3판 1쇄 인쇄일 2021년 10월 13일
개정 3판 1쇄 발행일 2021년 10월 21일

지은이 김수연

발행인 박헌용, 윤호권
편집 한소진 **디자인** 양혜민
발행처 ㈜시공사 **주소** 서울시 성동구 상원1길 22, 6-8층(우편번호 04779)
대표전화 02-3486-6877 **팩스(주문)** 02-585-1755
홈페이지 www.sigongsa.com / www.sigongjunior.com

ISBN 979-11-6579-730-0 03590